你好，机器人

A ROBOT WORLD

（英）克莱夫·吉福德 著

黎雅途 译

图书在版编目（CIP）数据

你好，机器人 / （英）克莱夫·吉福德(Clive Gifford)著；黎雅途译.
—北京：中国大百科全书出版社，2018.6
书名原文：A ROBOT WORLD
ISBN 978-7-5202-0281-7

Ⅰ.①你… Ⅱ.①克… ②黎… Ⅲ.①机器人—青少年
读物 Ⅳ.①TP242-49

中国版本图书馆CIP数据核字（2018）第100826号

图字：01-2017-7657

A Robot World
First published in 2017 by Franklin Watts, an imprint of Hachette Children's Group
A part of The Watts Publishing Group
An Hachette UK Company
Carmelite House
50 Victoria Embankment
London EC4Y 0DZ
www.hachette.co.uk
www.franklinwatts.co.uk
Copyright © The Watts Publishing Group 2017
All Rights Reserved
Simplified Chinese rights arranged through CA-LINK International LLC (www.ca-link.com)

出版商向下列所有供图者致谢：
Alamy Stock Photo/REUTERS/Yuya Shino Cover; . American Honda Motor Co.Inc 30; The Australian Centre for Field Robotics at the University of Sydney http://sydney.edu.au/acfr/agriculture 5 (bottom); Christoph Bartneck 57 (top left); CMU Field Robotics Center 29 (bottom left); Compressorhead Rocks/ . Norman Konrad 46 (bottom), title page, / . David Medeiro– heyjoeynyc 47 (bottom left). / . Martin Nicholas 46 (centre left), 47 (top); Computer History Museum/Courtesy of SRI International 14; CSA 24; Photo: Festo 5 (top); Courtesy of Flyability – www.flyability.com 29 (top left); . Frauenhofer IPA 37(bottom right); Getty Images / BSIP/UIG via Getty 49 (top right), /JIJI PRESS/AFP 54-5, /Koichi Kamoshida/Staff 52-3, /Patrick CHAPUIS/Gamma-Rapho via 28 (bottom), /Photo by Albert L. Ortega/WireImage 16 (right), /Photo by CBS via Getty, 17(bottom left), /Photographer David Paul Morris/Bloomberg via Getty 15 (top right), /Photographer Nicky Loh/Bloomberg via Getty 10, /STR/AFP 37 (centre left), 41 (top right), /TOSHIFUMI KITAMURA/AFP 31(bottom centre, 40-1, 41 (bottom right),42 (bottom) 43 (top); . 2017/Intuitive Surgical, Inc 34-5, 35 (bottom right); JPL-Caltech 56 (top); Photo courtesy of Murata Manufacturing Co., Ltd 56 (bottom); Musée d'art et d'histoire, Neuchatel, Switzerland 7; NASA 4 (bottom), 25, 29 (bottom right), (top right), 32 (bottom left), 32-3, 33 (bottom left), 50-1, /JPL-Caltech/MSSS 51 (bottom right); National Oceanography Centre 20 (top); Frederic Osada & Teddy Seguin/DRASSM 21 (top); REX/Shutterstock/ 17 (top), /MGM 17 (bottom right)/ Lucasfilm/20th Century Fox; 19 (top); Science Photo Library/Adam Hart-Davies 6 (right), /David Parker 13 (top left), /Sam Ogden 22; SERBOT 36 (bottom right); Photo SERVA-TS 37 (top); Shutterstock.com 5 (centre), 9 (bottom right), 26 (top), 26 (bottom), 31 (bottom right), 31 (bottom left), 31 (top), 35 (centre), 35 (top right), 38 (top), 38 (bottom), 39, 47 (bottom right), 48-9, 53 (bottom right), 58 (bottom left), 59 (centre), /Andrei Kholmov 12 (bottom), /Featureflash Photo Agency 18 (bottom left), / Sarunyu L 19 (bottom), / SvedOliver 13 (top right); .Soft Bank Robotics 36 (left); TATRC 55 (top right); Wikipedia Commons: 4 (centre), 6 (left), 8, 9 (top right), 13 (bottom), 16 (left), 18-19, 21 (bottom right), 21 (bottom left), 22-3, 26-7, 27 (bottom), 42 (top), 43 (bottom left), 44-5, 49 (bottom right), 52 bottom left, 53 top right, 55 (bottom right), 57 (bottom left),57 (top right), 58 (top), 59 (bottom), 59 (top left); /Alf van Beem 13 (bottom), /MattiPaavola 15 (bottom right), / NASA) 28 (top), /U.S. Army photo by Sgt. Kimberly Hackbarth, 4th SBCT, 2nd Inf. Div. Public Affairs Office 45 (top), /U.S. Navy photo by Lithographer's Mate 1st Class John P. 20 (bottom); / U.S. Navy photo by Mass Communication Specialist 2nd Class Jhi L. Scott/Released 44 (top), / With permission of Richard Greenhill and Hugo Elias 11.

你好，机器人
[英]克莱夫·吉福德/著
策   划：马丽娜　冯蕙
责任编辑：冯蕙
学术审订：丛智博　陶永
翻   译：黎雅途
美术设计：殷金旭
技术编辑：贾跃荣
责任印制：邹景峰　李宝丰

中国大百科全书出版社出版发行
（北京市阜成门北大街17号 邮编：100037 电话：010-88390317）
http://www.ecph.com.cn
新华书店经销
恒美印务（广州）有限公司印刷
开本：889×1194 1/16 印张：4 字数：46千字
2018年6月第1版 2020年1月第2次印刷
ISBN 978-7-5202-0281-7
定价：68.00元

目录

机器人星球

机器人是具有超强适应性的神奇机器。大部分机器人都可无须人类帮助而独立工作，很多机器人工作起来比人类更有力气、更加精准、更有毅力。第一批真正的机器人诞生在20世纪，之后机器人的数量激增。现在在世界各地都可以看到机器人的身影……更厉害的是，它们已经冲出地球，走向了太空。

美国

个人管家机器人（PR2）有两只手臂，可以通过接收程序指令执行很多任务，甚至还能学会叠衣服和冲泡美味的咖啡呢！

太空

宇航员机器人2号（Robonaut 2）是双臂人形机器人，于2011年被送上国际空间站执行任务。它的任务是测试未来人形机器人辅助人类宇航员从事太空工作的可行性。

德国

许多可移动的机器人是依靠轮子或履带移动的，不过这款德国生产的机器人费斯托（Festo）却是像袋鼠那样蹦蹦跳跳地移动。它着地的时候可以储存能量以备下次跳跃，跳跃高度可达0.8米。

日本

成千上万的机器人已经在日本的各行各业工作了。现在在各大银行、商场和咖啡厅都能看到机器人纳奥（Nao，右图）和机器人佩珀（Pepper，见第36页）忙碌的身影。它们在那里当引导员或是小助手。

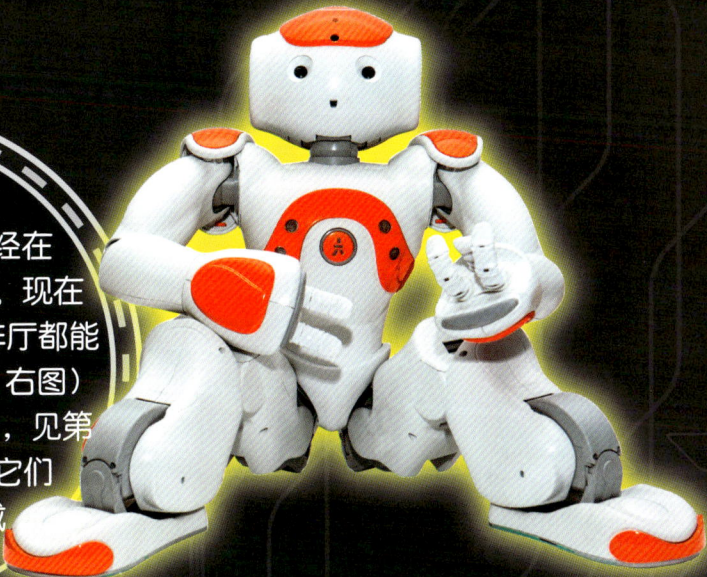

澳大利亚

机器人一般在工厂和办公室工作，但是在澳大利亚，机器人还能在农场干活。例如：瓢虫机器人（Ladybird，右图）是一个使用太阳能收割蔬菜的装置；机器人里帕（Rippa）可以在田地里到处走动，撒种子、除杂草；牛仔机器人（Swagbot）更是澳大利亚内陆农民的好帮手，能帮助他们放牧。

机械玩偶

过去，人们痴迷于机械，继而迷上了制造出像人类或动物那样能活动的栩栩如生的机械玩偶。这些机械玩偶是由弹簧、杠杆、齿轮和其他机械零件组成的。在钟表匠人的推动下，机械玩偶在欧洲和亚洲等地都很受欢迎。

会进食的机械鸭

1739年，法国钟表匠人雅克·德·沃康松制造了一只神奇的会进食的机械鸭子。这只鸭子由400个零部件组成。它会拍打翅膀，还能伸长脖子吃掉人们手中的大麦。吃下去不久，它的屁股就会排出"粪便"（这些"粪便"其实是草屑压制而成的）。

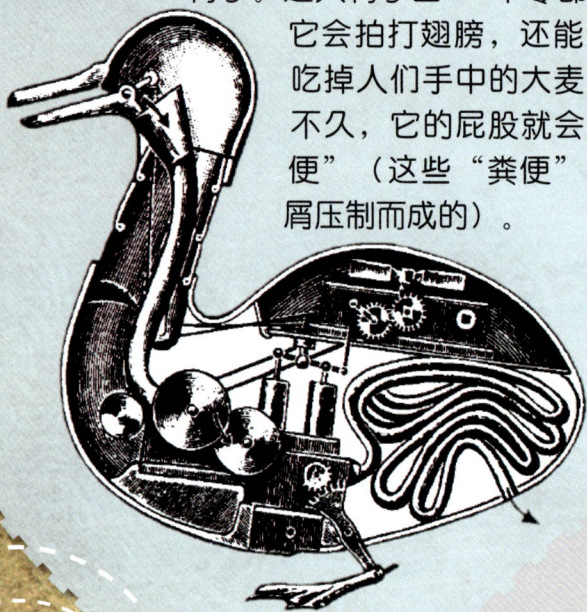

机械人偶

在日本，机械玩偶最早出现在江户时代（1603～1867），被称作机械人偶（karakuri ningyo，意为"看起来像人类的机械装置"）。这个日本弓箭手人偶装置（上图）制造于1860年，材料是石膏、木杠杆和齿轮。通过弹簧，弓箭手人偶可以捡起箭并把它们射出三四米远，旁边的两个人偶会挥手、鼓掌和打铃，为弓箭手喝彩。

雅克德罗机械玩偶

瑞士钟表匠人皮埃尔·雅克·德罗和儿子亨利·路易在18世纪制造出一些非常复杂的人形机械玩偶。其中包括作家机械人偶（The Writer，下图和右图）和女音乐家机械人偶（The Lady Musician）。这个女音乐家人偶由2500个零部件制作而成，手指可以弹奏键盘乐器，演奏完毕还会向观众鞠躬行礼。

作家机械人偶

作家机械人偶是18世纪70年代初设计的，外观是一个坐在木凳上的小男孩。这个机械人偶能写字，而且字迹工整。它一次最多能写40个字。

头部

作家人偶的脑袋里装有齿轮。当它写字时，头部和眼睛会跟着动起来，就像在阅读自己写的东西。

墨水瓶

这个墨水瓶里装的可是真墨水。毛笔是用鹅毛做成的。作家人偶右手拿起笔，伸到墨水瓶里蘸一蘸，然后开始写字。

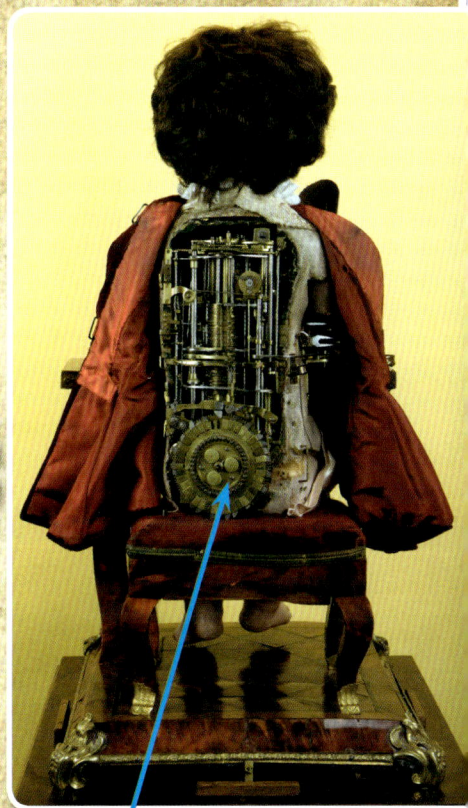

可编程的圆盘齿轮

作家人偶的身体里有个黄铜做的大齿轮，齿轮上装有40个机械部件。机械师通过调整这些部件可以让作家人偶写出不同的字母和文字。这是最早的可编程机械人偶之一。

了不起的家用机器人伊莱克

20世纪20～30年代，工程师们发明了新一代的人形机器，并使用机械和电子零件使这些机器活动、说话和执行特定任务。这些机器中最先进的是家用机器人伊莱克（Elektro）。

家用机器人伊莱克是美国西屋电气公司制造的。它身高2.1米，体重120千克，全身上下都是金属。1939年，它第一次出现在纽约世界博览会，引起了轰动。

胸膛

伊莱克的胸膛是铝制的，里面有一个听筒和一个电灯泡。有人跟它说话时，电灯泡就会闪烁回应。

宠物狗

1940年，伊莱克拥有了自己的宠物机器狗，它的名字叫火花（Sparko）。火花有两个电动机，用于推动齿轮和提供电力，这样它就可以走路、坐下、撒娇和摇尾巴了。

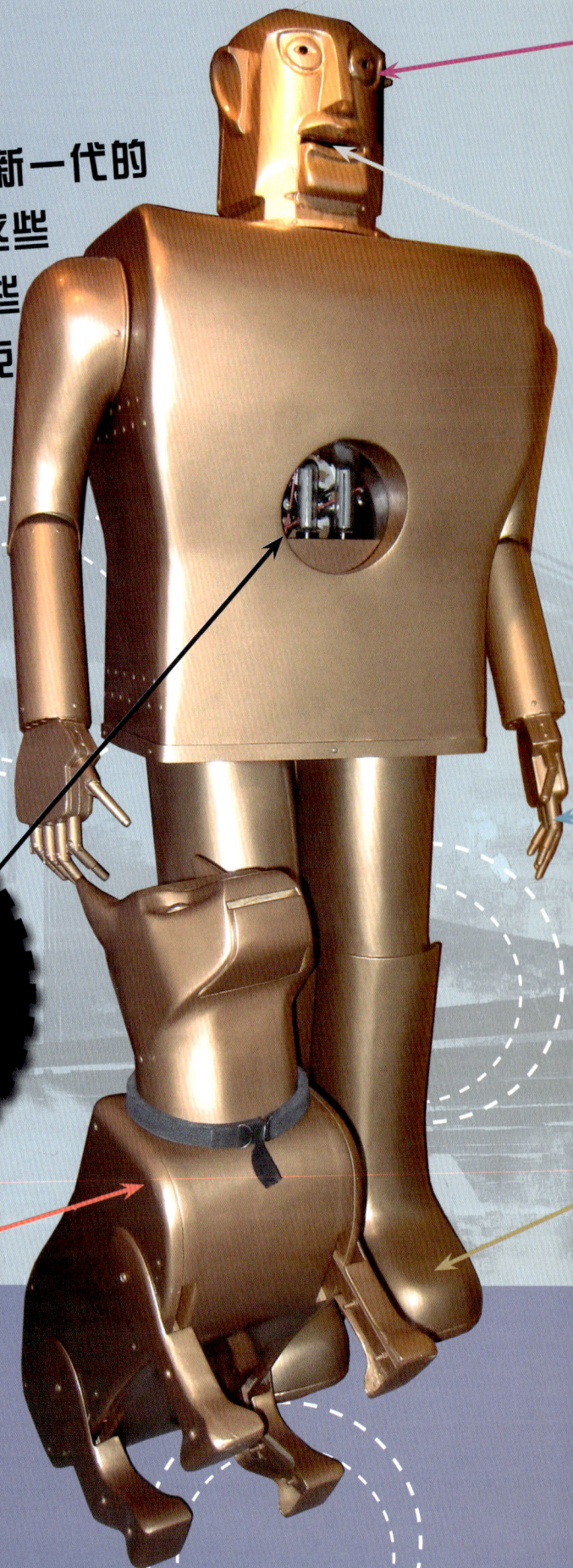

眼睛

伊莱克的眼睛有两个感光设备，我们把它称为光电管。当特定颜色的光照射在光电管上时，它就可以把电信号传输出去。伊莱克可以分辨两种颜色的光：绿色和红色。

嘴巴

伊莱克还会说话呢！比如："我的脑袋比你们的要大！"说话的时候，嘴巴还会一张一合。而这些话语是用转速为每分钟78转的唱片预先录下来的，然后通过一个隐藏在嘴巴附近的电唱机播放出来。

手指

伊莱克手指上的滑轮连接着电动机，这样手指就可以动了。有时候手指还能抓住小物体，比如指挥棒。

脚

伊莱克并不能像大多数现代人形机器人那样抬起脚走路。它的脚有45厘米长，每只脚下有4个滑轮。电动机能使滑轮转动，这样伊莱克就可以走来走去了。

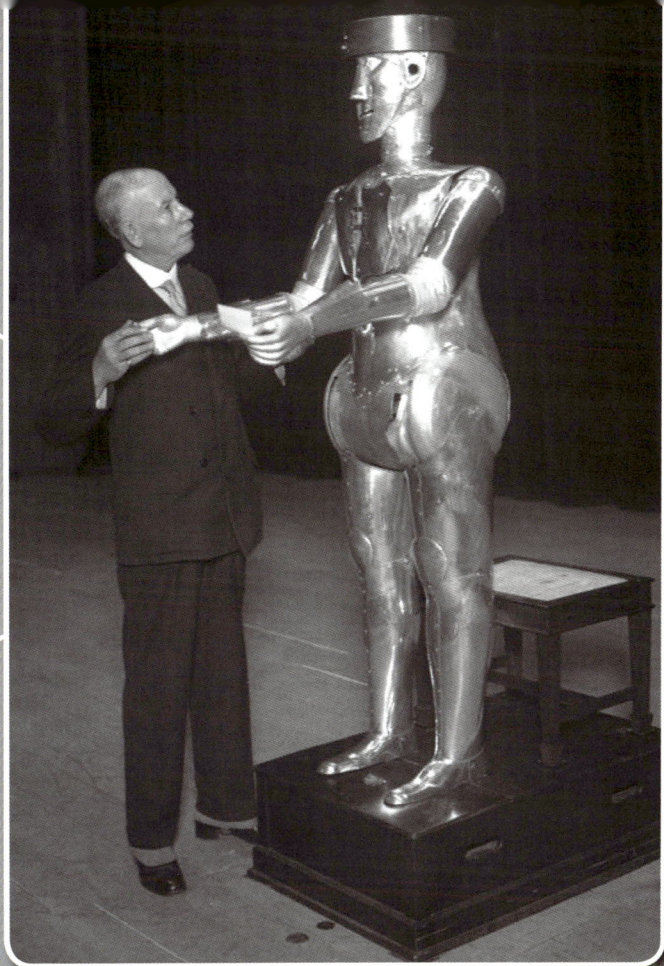

英国第一个机器人

1928年，威廉·理查德兹和艾伦·雷费尔制造了英国第一个机器人埃里克（Eric，上图）。制造所用的主要材质是铝。埃里克的总重量为45千克，四肢可以移动，头部可以旋转。埃里克曾去世界各地参加展览，后来失踪了一段时间。不过现在它又"复活"了，伦敦科学博物馆筹资重建了埃里克，并在2017年举办的机器人展览上展出。

金属模型机器人

机械士兵模样的金属模型机器人曾是很受欢迎的玩具。这些老式的模型机器人（右图）是20世纪50～60年代制造的。

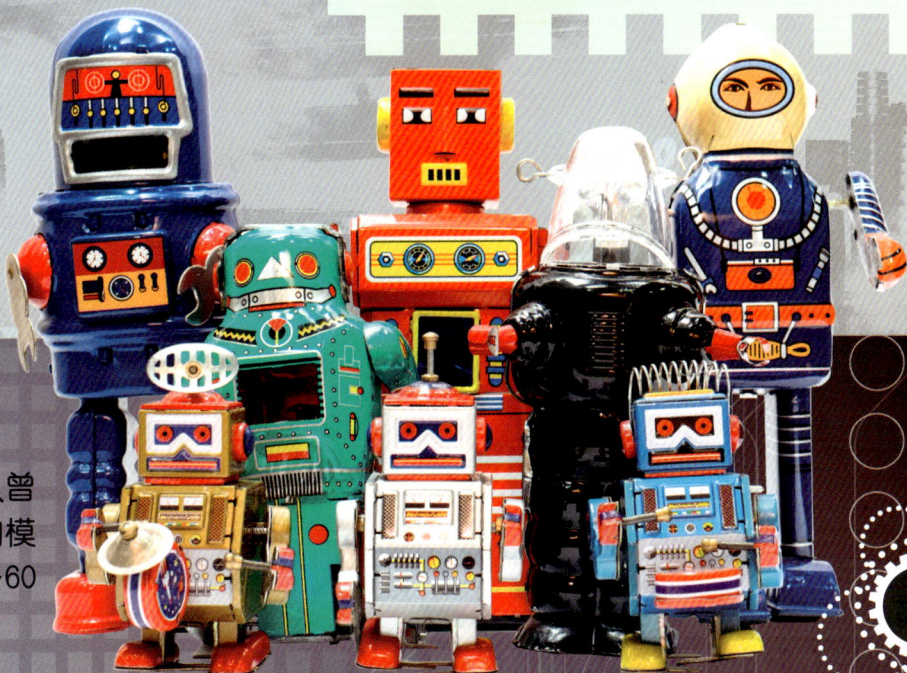

机器人的基本要素

机器人的形状和大小千差万别。有的机器人由人远程操控，有的则是自主工作型，也就是说可以长时间自己工作而不需要人监控。再思考机器人公司于2012年制造了机器人巴克斯特（Baxter）。巴克斯特是一个有两只手臂的多功能机器人。它可以在工厂帮忙，也可以协助人类做研究。在它身上可以找到很多用在各类型机器人身上的关键部件。

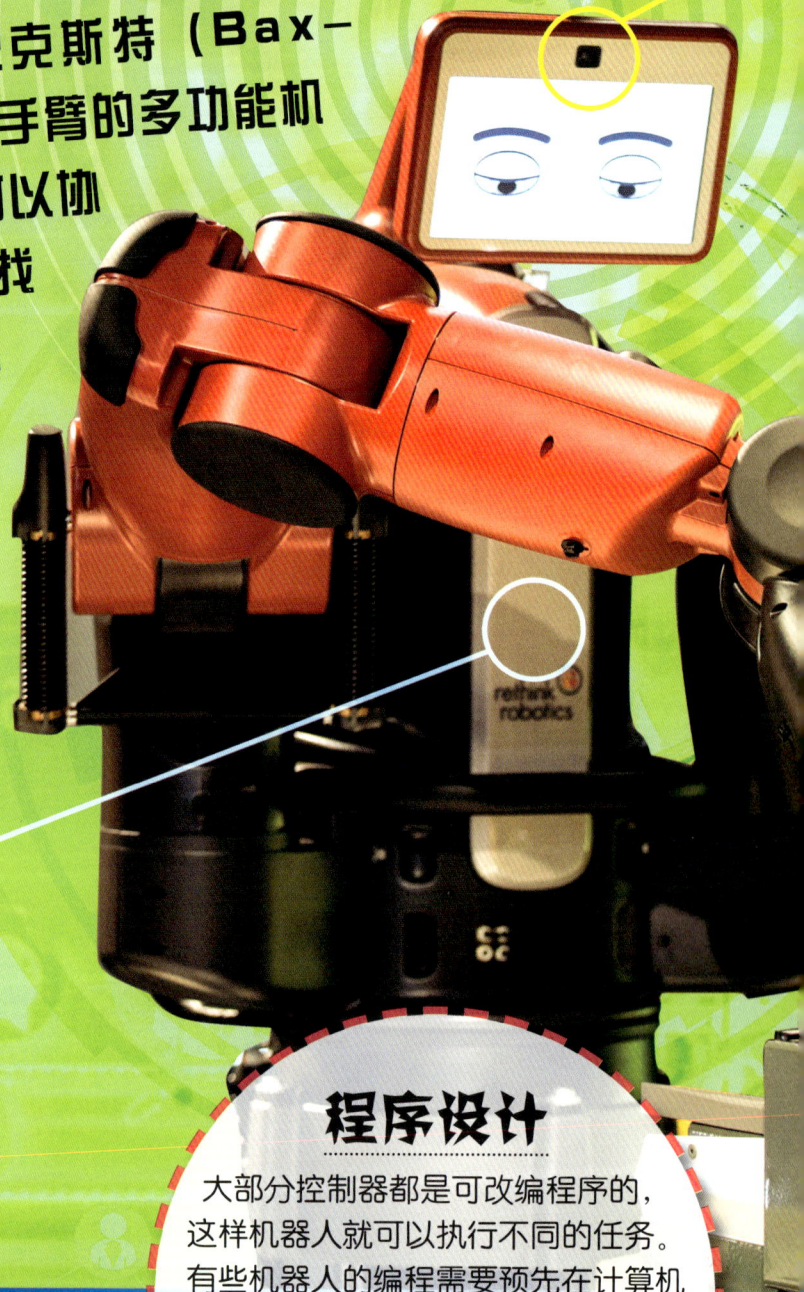

控制器

控制器是机器人的信息处理器，或者说是"大脑"。它通常是一块微处理器芯片或是一台微型计算机。控制器让机器人各个部件协作起来，可根据机器人的各部件和传感器传回的信息做出决定。有的控制器单独放置在大型计算机内，通过无线信号控制机器人。

程序设计

大部分控制器都是可改编程序的，这样机器人就可以执行不同的任务。有些机器人的编程需要预先在计算机上完成，然后上传给机器人。相对而言，机器人巴克斯特的编程就简单很多了。只需要动一动它的手，它就会按你想要的方式去执行任务。

传感器

机器人的传感器包括一系列装置——光探测器、测温仪和以摄像头为基础的视觉系统等。这些装置能够收集机器人自身和周边环境的数据，然后把数据回传给机器人的控制器。接触传感器能够判断机器人是否碰到物体，而距离传感器能够判断它和附近物体的距离。

驱动系统

驱动系统能够传输动力驱动机器人的各部分。机器人巴克斯特的驱动系统和其他很多机器人一样，是由一系列电动机组成的，可控制手臂和身上的关节活动。有的机器人是气动系统驱动的，由空气或其他气体作为介质传递动力。还有的机器人是由液压系统驱动的。在这个系统中汽缸里的液体驱动连杆，我们称之为活塞运动。

末端执行器

很多机器人都装有叫作末端执行器的部件，用于和周边环境互动或操作物件。比如：外科手术机器人的末端执行器有可能是手术刀和注射器；工业机器人的末端执行器有可能是电钻、焊枪或激光切割机。机器人巴克斯特可以安装不同的末端执行器，包括像两个手指似的夹持器。

机器人能够整体或者部分移动的方向称作机器人的自由度。灵巧机械手（The Shadow Dextrous Hand，右图）是一个先进的末端执行器。它具有20个自由度，能够拿起很多物件，操作很多工具。

工业机器人

它们工作效率非常高，除了偶尔需要停下来重新编程和维修，几乎可以每周7天、每天24小时持续不间断地在工厂工作。第一个工业机器人诞生于1961年，名为尤尼梅特（Unimate，意为"万能自动"），到现在已经有超过200万个工业机器人奋斗在工作的第一线了。

尤尼梅特

乔治·德沃尔和约瑟夫·安吉尔伯格发明了重达两吨的尤尼梅特。它在美国密歇根州的通用汽车公司的工厂工作，负责处理高温的汽车金属零部件。它的钢质手臂和夹持器可以举起重达150千克的金属零部件。尤尼梅特一生工作了10万小时，1971年正式退休。

机械手

尤尼梅特获得成功后，工业机械手开始快速发展，成为超级能干的多面手。很多机械手拥有肩膀、手肘和腕关节，类似于人类的手臂。被称作联合编码器的传感器，使得机器人能够分辨每个关节精细的角度和位置。输入程序指令后，这些机械手可以重复执行某一任务，比如给汽车喷漆，它们的工作堪称完美。

点焊机器人

点焊机器人可以熔化掉车身上的一些金属使之形成一个结实的连接点，然后把整个车身焊接起来。焊接的场面火星四溅。一辆汽车通常需要4000个焊接点，一组点焊机器人只需要几分钟就能完成，而且保证准确无误。

高速拾取机器人

这类机器人有的负责处理汽车玻璃窗，它们手上的真空吸盘可以安全地取放玻璃。很多这类机器人在工厂里协助组装和包装货物。阿西布朗勃法瑞公司的机械手360-6菲斯匹克（ABB 360-6 Flexpicker）是世界上最快的拾取机器人之一，它每分钟可以取放400个物体！

自动导引运输车

在荷兰鹿特丹，可以看到很多像这个集装箱运载车一样的自动导引运输车（AGVs），它们其实是货物运载机器人。输入程序指令后，它们可以按照规定路线运输零部件和货物。有一些运输车装有光敏传感器，可以按照工厂地面的亮线标识行进运输。

超级机器人沙基

20世纪60年代末，科学家开始研究如何让机器人在行走时自动识路。世界上第一个能自己做出决定的可移动机器人是斯坦福大学研究院制造的。它的名字叫沙基（Shakey，意为"摇摇晃晃"），因为它一走起路来就摇摇晃晃的！

逻辑系统

沙基的身体里装有电路系统，这个系统能将计算机传送的命令转换为指令，使沙基移动或转动。当沙基接到命令去指定地点时，它可以找到最佳路线。

胡须

沙基长长的胡须其实是一圈圈电线，这是判断距离的传感器——这样，沙基就能知道自己有没有撞上其他物体。

驱动轮

沙基的身体里有个电动机，可以转动它的两个驱动轮，这样沙基就能向前和向后移动。通过计算轮子转动的圈数，沙基就可以算出自己在一个方向上行走的距离。

天线

沙基通过双向无线电与控制它的巨型计算机对话。计算机内存有一张地图，上面包括所有实验室的位置，沙基可以依靠地图穿梭在各实验室之间。

测距仪

沙基的测距仪能够发射出一束光，这束光遇到物体会反射回来，沙基以此确定物体距离自己有多远。有了测距仪，沙基不但可以避开障碍物，还能找到门口并自由进出。

现在，人们大量使用可移动机器人。亚马逊公司的仓库里就有15000个机器人基瓦（Kiva）自动搬运货物。

走得更快

沙基是第一个真正意义上的移动机器人，但它走得很慢，穿过一个房间可能需要花上一个多小时。之后研发的移动机器人，比如办公机器人宁科思（Lynx）和安全检查机器人贾斯特斯（Justus，右图）可以走得更远，走得更快。

15

朋友机器人和敌人机器人

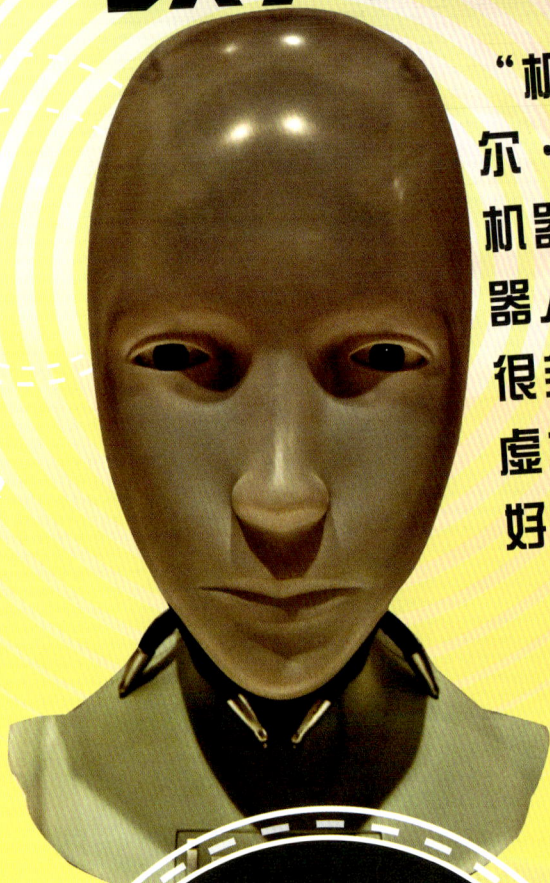

"机器人"这个词首次出现在捷克作家卡雷尔·恰佩克1921年发表的剧作《罗素姆万能机器人》中。卡雷尔在作品中讲述了人形机器人反抗人类主人的故事，此后，这便成为很多电影和电视节目的主题。当然，在一些虚构的故事里，机器人也会被描述为人类的好帮手、好朋友。

终结者T-800

在1984年上映的、由阿诺德·施瓦辛格主演的电影《终结者》中，我们首次看到了终结者T-800。这个机器人刺客通过时光逆转装置回到过去，追杀反抗机器人的人类领袖约翰·康纳的母亲。它这么做的目的是阻止约翰·康纳出生，从而征服人类。

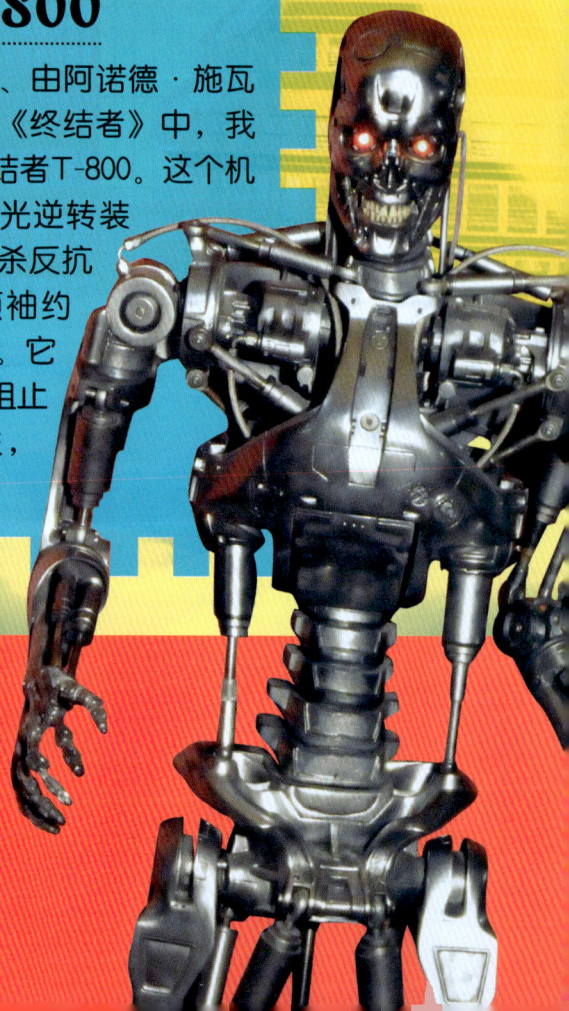

NS-5机器人

2004年上映的电影《我，机器人》（又名《机械公敌》）中的NS-5机器人由总部位于芝加哥的USR公司开发，拥有强大的控制器，每秒钟可以进行6万亿次的运算。当计算机V.I.K.I.上传新的软件到每个NS-5机器人身上后，它们就会转而发动叛乱，对抗自己的人类主人。

这个机器人刺客（右图）的头部和骨架都是钛做的，电池能量足以运行120年。它那双吓人的红色眼睛可以拆下来进行维修和更换。

机器狗K9

《神秘博士》是一部英国电视剧，汤姆·贝克扮演第四任博士。1977年，他迎来了自己的小伙伴——一只忠诚的、有时候还异常英勇的机器狗。这只狗本来叫菲多（FIDO），后来更多人叫它K9。在《神秘博士》的冒险之旅以及相关的电视剧中出现过4个版本的K9。

K9的耳朵天线可以定位入侵者，它的鼻子里藏有一个激光武器。K9的电影版模型有4个隐藏的轮子，在拍摄时人们就拿着一根绳子拽着它跑来跑去！

达塔

达塔（Data）是电影《星际迷航：下一代》里的一个角色，是出现在2335年的机器人，在公司的星际飞船上工作。虽然拥有强大的运算能力和人工智能，但达塔也还只是个机器，需要非常努力才能了解人类的情感和决定。

机器人罗比

从1956年的《禁忌星球》开始，友善的罗比（Robby）出现在7部电影和12部以上电视剧当中。为了制造机器人闪光灯、旋转天线和"嗡嗡嗡"的声音，人们用了超过790米的电线，大部分装在它透明的、圆圆的脑袋里。

机器人R2-D2

R2-D2是一个典型的机智、勇敢而又有些鲁莽的宇航技工机器人，在《星球大战》电影系列中，曾为许多主人公效力，如帕德梅·艾米达拉、阿纳金·天行者和卢克·天行者。机器人R2-D2有1.09米高，是个银幕巨星，是《星球大战》影迷最喜欢的一个角色。

旋转的头部

R2-D2的头部是可以旋转的。它炮塔一样的头部里面装着摄像机、聚光灯、探测移动物体的雷达系统和可伸缩的潜望镜。

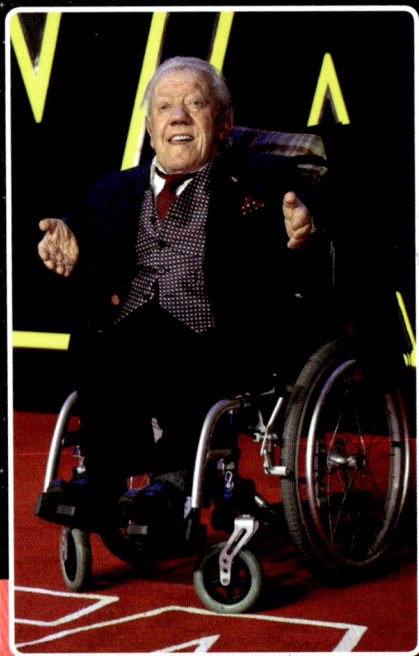

全地形踏板

R2-D2可以在宇宙飞船里以及崎岖的地面上走动，这要归功于它脚下的全地形踏板。它还有第三只脚，可以藏在身体里。

第一部《星球大战》里使用了两个R2-D2机器人模型，一个是远程遥控的，另一个是由演员肯尼·贝克（左上图）钻进R2-D2身体里操纵的。肯尼·贝克身高1.12米。

全息投影仪

这个投影仪使机器人R2-D2可以投射人物或场景的立体电影，比如，机器人给欧比旺·肯诺比投射了一个来自莱娅公主（右图）的全息影像留言。

计算机接口

有了计算机接口手臂（也称安全通信处理器接口），机器人R2-D2就可以接入计算机系统，控制计算机或者从中获取重要数据。

机器人R2-D2经常在紧急关头出现。上面这个镜头展示的是1977年第一部《星球大战》中，莱娅公主给机器人R2-D2留了一个全息影像留言。

工具箱

R2-D2的圆柱体身体里有各种便利工具，包括灭火器、扩展和探索工具，还有一系列火箭推进器。这些火箭推进器能让R2-D2在遇到危险时"嗖"地一下飞速撤离。

动力和通信

R2-D2身体的下半部分装有充电器插座和扬声器系统。当R2-D2和人沟通时，扬声器就会发出"呼呼"和"哔哔"的声音。

机器人BB-8是R2-D2的继承者，首次出现是在《星球大战》系列之七《原力觉醒》中。这个机器人的身体是球形的。它在帮助自己的主人——X翼星际战斗机的王牌飞行员波·达默龙时，总是滚来滚去。

水下机器人

在水下工作对人来说非常困难，因此人类制造了一些机器人去执行水下任务。水下机器人可以清洁海床并探求其特征、近距离考察水下生命，以及帮助找回船只和飞机的残骸。

机器人救生员

2005年，无人驾驶深水装置机器人天蝎（Scorpio，下图，正被装上飞机）在北冰洋海底使用切割设备，帮助因被缆绳和渔网缠住而数日不能脱身的AS-28小型潜艇浮出水面，挽救了艇上全部7名官兵的生命。

到冰下工作

一些水下机器人有强大的续航能力，能长时间监测海水和海洋生物，执行海底探索任务。2009年，在探索南极洲冰架时，自动潜水机器人3号（上图）潜至500米厚的坚冰下并前进了110千米。它的动力由5000个D型手电筒电池提供。

宝藏搜寻员

水下机器人可以找到遭遇海难的船只并发掘里面的宝藏。2007年，机器人奥德赛（Odyssey）在大西洋海底的神秘沉船里发现了60万个银币。1986年，机器人小贾森（Jason Jr.）在海底发现了泰坦尼克号。

斯坦福大学制造的机器人"海洋一号"（OceanOne，下图）有两只手臂，可以在海里深潜，而人类可以在陆地上控制它。2016年，它在100米深的地中海海床发现了300多年前沉没的法国战船。

"海洋一号"能够调节手部握力的大小，这样它就不会破坏易碎物品。

"海洋一号"身上有两台摄像机，因此它能够看到三维影像。

"海洋一号"身上有8个小推动器，它可以在水里自由移动。

模拟大自然

很多海底机器人是由电动机推动螺旋桨提供动力的。有一些机器人是根据鱼在水中游的原理仿生设计的，这些机器人在水下能更灵活、更快速地游动，如梭子鱼机器人（Robopike，右下图）和金枪鱼机器人（Robotuna）。还有一些机器人能像水母那样游泳，比如水母机器人凯奥（Cryo）。

深潜机器人

潜水越深，水压上升越快。超过一定的深度以后，压力能够把潜水艇压扁，就像压扁一个罐头那么容易。但有一些很坚固的机器人，如美国机器人"海神涅柔斯"号（Nereus，左上图）以及日本机器人"海沟"号（Kaiko），已经下潜到了地球上海底的最深处，即海平面下约11000米的地方。

社交机器人基斯梅特

1997年，美国麻省理工学院制造了机器人基斯梅特（Kismet），它是首个可以和人类交流的机器人。它能根据看到和听到的信息，从9种表情中选择一种最恰当的表情做出回应。这9种表情包括恐惧、赞同、疲倦、满意、严肃、厌恶、生气、惊讶和悲伤。

善于表达的耳朵

基斯梅特的耳朵可以立起来以表示关注，也可以向后折叠以表示生气。如果感觉有人在附近，它会试图扇动耳朵以引起别人的注意。

与主人相见

基斯梅特的发明者是辛西娅·布雷西亚。她8岁时看了电影《星球大战》，从此就迷上了机器人，特别是机器人R2-D2。她制造了很多社交机器人，包括基斯梅特、奈斯（Nexi）和知博（Jibo）。布雷西亚现在是麻省理工学院个人机器人小组的负责人。

会动的嘴巴

基斯梅特的嘴巴可以开合，它的嘴唇由4个电动执行器提供动力。它可以噘起嘴微笑，也可以瘪起嘴做鬼脸或表示不同意。

眉毛

基斯梅特的眉毛是依靠小电动机（也称执行器）动起来的。眉毛抬起表达惊讶，眉毛皱起来表达失落，眉毛向内倾斜表达悲伤。

眼睑

基斯梅特的眼睑可以开合，所以它可是会眨眼睛的哦！

摄像机双眼

基斯梅特的每只眼睛里都装有摄像机镜头。这些镜头可以识别人类的眼睛，从而使基斯梅特可以跟人类进行眼神交流。

视力

基斯梅特有两个中心摄像头，可以搜寻出面前的人脸以及物体。基斯梅特会传回很多需要分析的视觉信息，包括中心摄像头捕捉到的信息及摄像机双眼所"看到"的东西，这些信息数量庞大，需要9台联网的计算机来处理。

加拿大臂2号

加拿大臂2号（Canadarm2）是一只巨大的太空机械手臂，于2001年离开地球，乘坐"奋进"号航天飞机到达无人驻守的国际空间站。之后，它就成了空间站建设的得力助手。它能够移动模块和零部件，甚至能够捕获来自地球的运送物资和零部件的无人驾驶宇宙飞船，并使其与国际空间站对接。

可移动的手臂基座

这只机械臂可以将自己连接到移动远程服务基础系统上，这个系统固定在国际空间站的主体上。手臂基座可以在轨道上沿着空间站主体滑动，这样整只机械臂就可以从空间站的一端移动到另一端。

手臂连杆

加拿大臂2号的两个手臂连杆由轻便塑料做成，以碳纤维加固。两个连杆使机械臂的长度能够达到17.6米，足足比羽毛球场还要长4米！手臂可以操作重达11.6万千克的物体。

腕关节

加拿大臂2号的手腕可以朝3个方向活动，就像人类的手腕一样灵活。

闩锁端操纵装置

加拿大臂2号的每个末端都装有闩锁端操纵装置。这些装置可以使机械臂连接到空间站主体的某个点上，或者装上特定设备来捕获到访空间站的宇宙飞船。宇航员可以把带脚部固定器的平台安装到闩锁端操纵装置上，这样就能站在机械臂上工作了。

肘关节

加拿大臂2号共有7个关节，所以它的两只主要手臂是可以弯曲的。肘关节两边各有两台彩色摄像机，可以把信息传输到国际空间站供宇航员观看。

太空机器人德克斯特

2008年，太空机器人德克斯特（Dextre）来到国际空间站。它有两只手臂，并以腰部为支点转动。德克斯特可以和加拿大臂2号连接在一起执行复杂任务，比如更换电源模块、安装天线或移动空间站外的存储容器。

自我修复功能

2014年，加拿大臂2号成为第一个在太空给自己"治病"的机器人。通过和太空机器人德克斯特合作，加拿大臂2号把自己肘关节上一个损坏的摄像机更换了下来。

变形金刚擎天柱

1984年日本推出了变形金刚玩具，当时打出的宣传语是"超凡的机械体"。这些玩具在市场上大受欢迎，于是人们围绕这些形象开发了相关的动画片、电子游戏、图书、电影及一代又一代的变形金刚玩具和模型。

英勇的汽车人

变形金刚的故乡是一个虚拟的星球，名叫赛博坦。擎天柱（Optimus Prime）是星球上一群可以在机器人和汽车之间变换的汽车人的领袖。这群汽车人和邪恶的霸天虎对战，邪恶势力的背后是强大而狡猾的威震天（Megatron，右图）。

变形机器人

变形金刚都可以从一个机器人的模样变身成为其他物体，比如，擎天柱可以变成大卡车。擎天柱设计精巧，它的身体上有很多铰链连接的部分和可折叠的部分，因此它可以在卡车和机器人之间来回变形。

变形金刚的腿部

变形金刚的腿部装有轮子，当它们的腿部向后折叠变成汽车时，这些轮子就成了汽车的轮子。

肩膀

擎天柱的肩膀装有烟管，当它变身成卡车时，这个烟管就变成了排气管。

火力强大的机关炮

在某些版本里，擎天柱装有火力强大的机关炮，可以发射弹头进行长距离攻击。当它变成卡车时，这些机关炮就像火箭助推器那样给卡车加速。

全副武装的手臂

擎天柱的手臂处有两把利刃，被称为战刀。战刀充电之后可以变成温度高达1000℃的烈焰战刀。此外，擎天柱的手腕处还藏有两个用一种叫"能子"的物质制成的钩子。

变身卡车

在变形金刚2007年的真人版电影中，擎天柱从机器人变成了1994年款的彼得比尔特379卡车（右图）。

27

探险机器人

机器人往往被派到对人类有危险或人类难以到达的地方。在机器人的帮助下，人类可以在免受生命威胁的状况下对陆地、水下和太空进行探索。

太空探测机器人

1970年，人类在地球上远程操控的第一辆太空探测车——月球探测车1号（Lunok-hod 1，右图）在月球上探测了322天。这辆月球探测车装有8个轮子，拍摄了超过20000张图片并将它们发回地球。

考古机器人

小型机器人可以穿越狭窄的石头通道解密古代奇迹。2005年，人类将一个机器人放入一条狭窄的石头通道，探索埃及现存规模最大的金字塔——胡夫金字塔（右图）。胡夫金字塔是古埃及第四王朝法老的坟墓。这个小小的机器人可以从内部探索古代建筑的结构，带给人们新的发现。

无人机和危险任务

无人机可以帮助人类探索偏远区或危险区。瑞士无人机公司Flyability制造了一架与众不同的双螺旋桨万向无人机金宝（Gimbal，下图）。它曾探索险象环生的冰川冰洞，人们还为它制造了铁笼子当盔甲，保护它免受撞击。

蛇形机器人

这种机器人由很多相互连接的小部件组成（上图），可以在狭窄的通道中穿行。蛇形机器人身上可以安装微型摄像机，发回它们探测到的影像。

火山机器人

世界上没有什么地方比活火山的火山口还要危险了。然而，1994年机器人但丁2号（Dante Ⅱ，左图）凭着8只脚爬入位于阿拉斯加的斯派尔山火山口，收集气体样本。20年后，美国国家航空航天局的双轮火山机器人（VolcanoBots，下图）进入夏威夷岛的火山进行探测。

神奇的阿西莫

人形机器人的发展一直缓慢且不稳定，直到2000年日本本田公司制造的阿西莫（ASIMO）面世。这款1.3米高的机器人面世以来不断得到改进，现在是世界上最灵活的人形机器人之一。

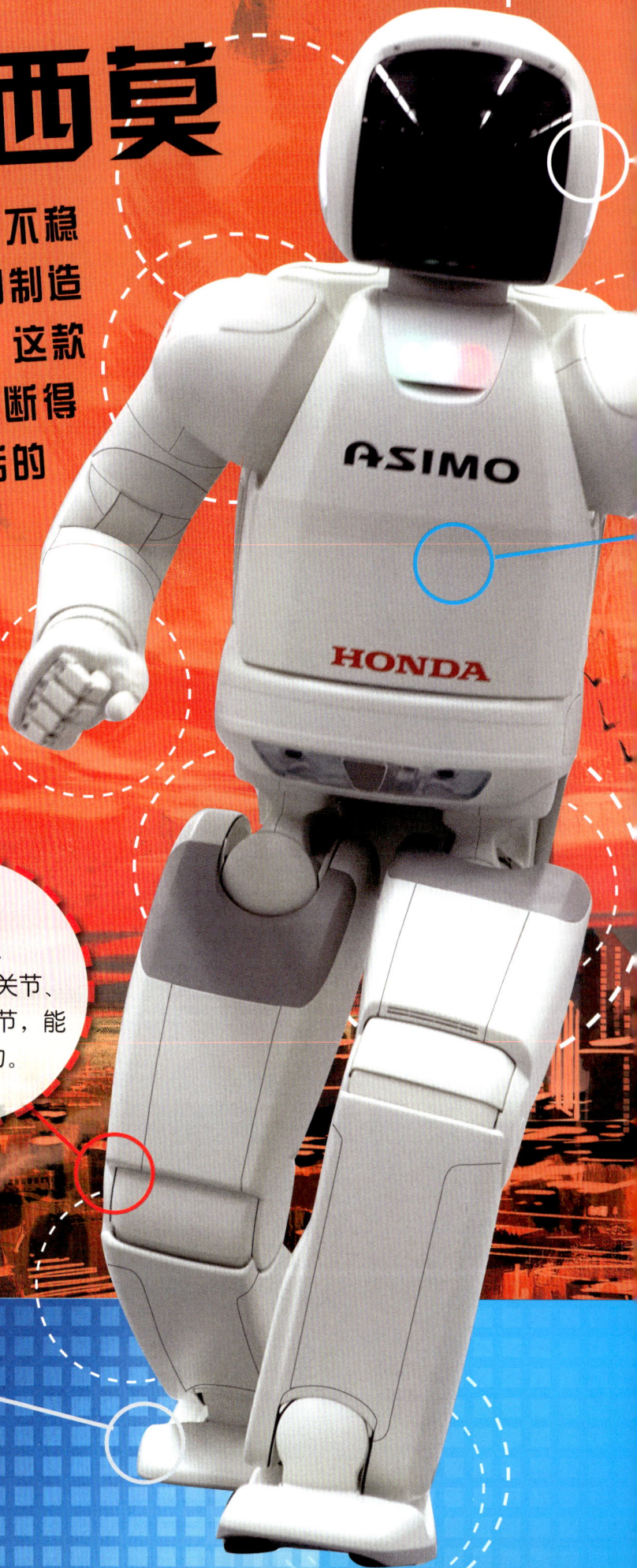

关节

阿西莫拥有髋关节、膝关节和踝关节，能够自由活动。

脚

阿西莫的脚很宽，即使单脚也可以站得很稳。它的每只脚上都装有力量传感器，能够测量每一步对地面的冲击力。当阿西莫走在凹凸不平的地面上时，它可以根据传感器接收到的测量数据调整脚步。

头部

阿西莫的头部装有两台连接控制器的摄像机。这两台摄像机可以帮助阿西莫识别多达10个人的人脸并追踪在面前活动的人或物体。

背包

阿西莫的背包里装着控制机器人活动的计算机。和很多人形机器人不同的是，阿西莫可以向着目标移动，也可以转变方向，而这些都不需要停下来思考。阿西莫会根据腿部下一步的动作自动转换身体的方向，从而在行进中保持平衡。

HONDA

身体

为了使体重不超过50千克，阿西莫的身体采用轻质镁金属框架结构，外加塑料面板。

手

阿西莫有带关节的手指和强劲的手腕，它们都由电动机提供动力。这样阿西莫就可以握住物体或拧开瓶盖。经过编程，它还可以打手语或指挥乐队。

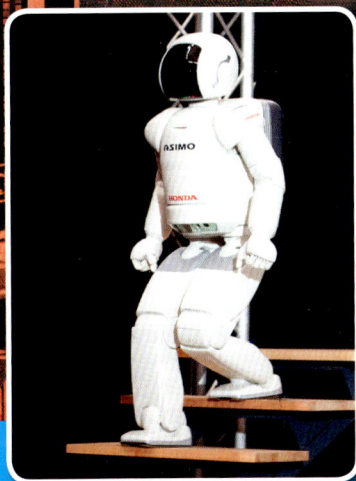

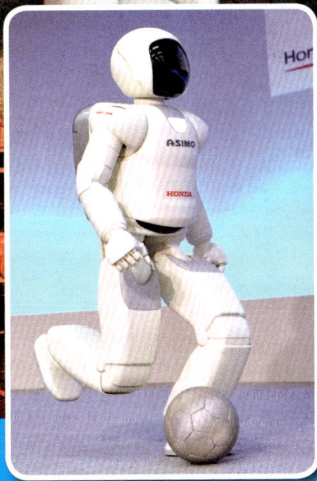

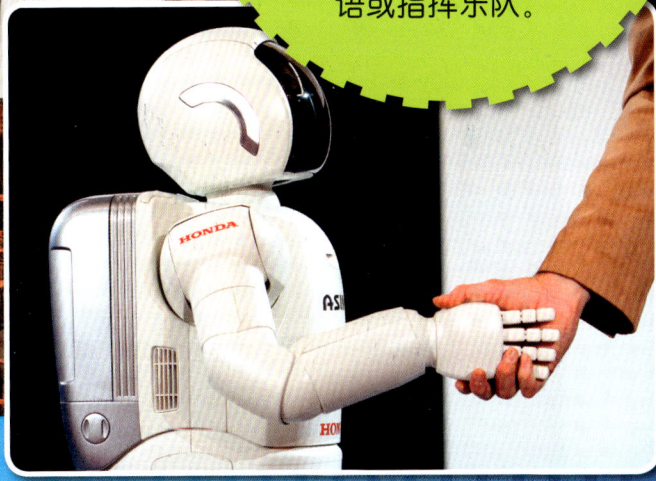

两条腿的机器人在移动时容易失去平衡，但是阿西莫不会出现这种情况。它能以每小时9千米的速度奔跑，也能轻松地上下楼梯。另外，它还可以向后慢跑、双脚跳、单脚跳。

"全球鹰"无人侦察机

无人机是无人驾驶的飞行机器人。有的无人机是通过人类遥控飞行的，而"全球鹰"无人侦察机（Global Hawk）则无须人类操作即可长时间飞行。人们只需要在它出发前在飞行计算机上输入编好的程序就可以了。

卫星连接

"全球鹰"的球状鼻子上装有一个直径为120厘米的大型碟状天线。这使无人机能够通过无线电波发送图像和其他收集到的信息。

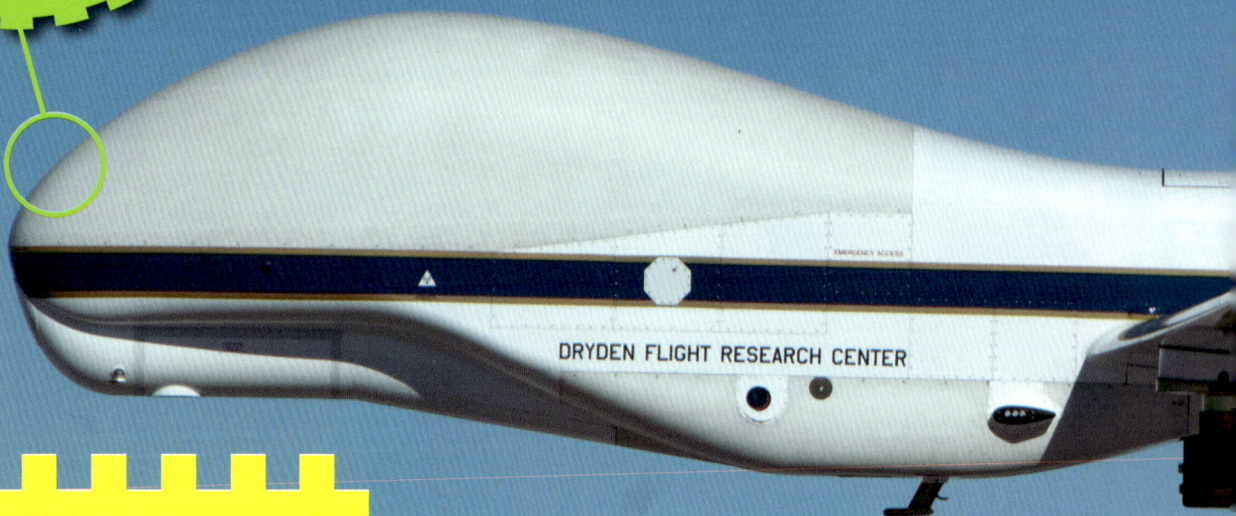

DRYDEN FLIGHT RESEARCH CENTER

地面操控

"全球鹰"装有任务控制部件，因此人类机组人员可以在地面控制中心通过计算机操控它的飞行。计算机屏幕会显示"全球鹰"的详细情况，包括它所在的位置和发回来的信息。只要动动键盘和鼠标，人类就可以改变"全球鹰"的飞行航线。

发动机

燃料和空气混合燃烧所产生的快速膨胀气体为"全球鹰"的单涡轮风扇喷气发动机提供动力。气体从发动机背部喷出，推动"全球鹰"以最高每小时629千米的速度飞行。

V形尾翼

"全球鹰"的两个尾翼后面都装有可折叠面板，由机载计算机控制，可以帮助它在空中转向。

计算机控制

"全球鹰"身长14.5米，内装电子设备和两台飞行计算机，用于控制"全球鹰"的飞行，确保人们能实时知晓它的行踪。

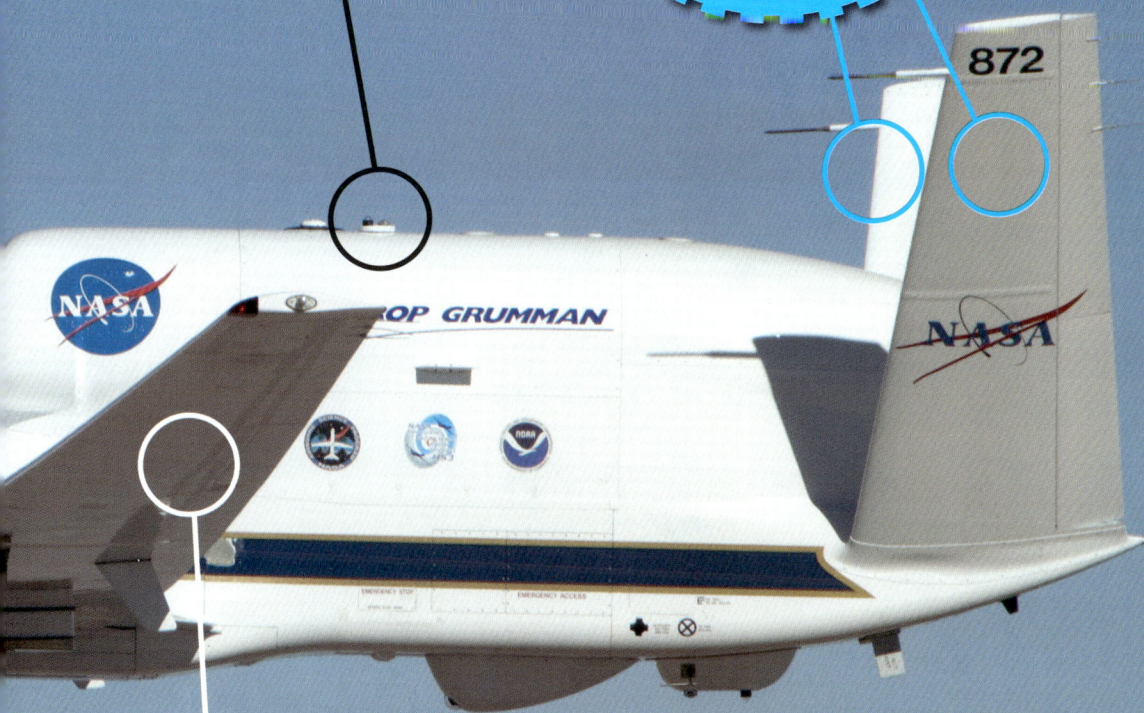

872

NASA

ROP GRUMMAN

NASA

燃料罐

"全球鹰"双翼和机体里的燃料罐可以装7847千克的燃料，足够让它连续飞行超过30小时。

追赶飓风

"全球鹰"的飞行高度可达18288米，几乎是喷气式飞机飞行高度的两倍。美国国家航空航天局曾让两架"全球鹰"飞到飓风上方测量飓风的大小并跟踪其路径。

手术机器人达芬奇

一些机器人在医院里帮忙运送床单、药品和其他用品。还有一些机器人，比如机器人达芬奇（da Vinci），负责更加复杂的工作——在手术中协助外科医生。医生会先在患者身上开一个很小的切口，然后在机器人达芬奇的协助下进行微创手术。

②

外科医生控制台

外科医生坐在控制台前，通过观察达芬奇传来的高分辨率立体影像进行手术。

微创手术

外科医生在微创手术中操作主控制器。当医生在控制器上操作时，达芬奇的机械臂会收到如何移动和工作的信号。机械臂可以进行相当精确的手术操作，比人手要精确得多，也不会像人手那样出现颤抖，影响手术。

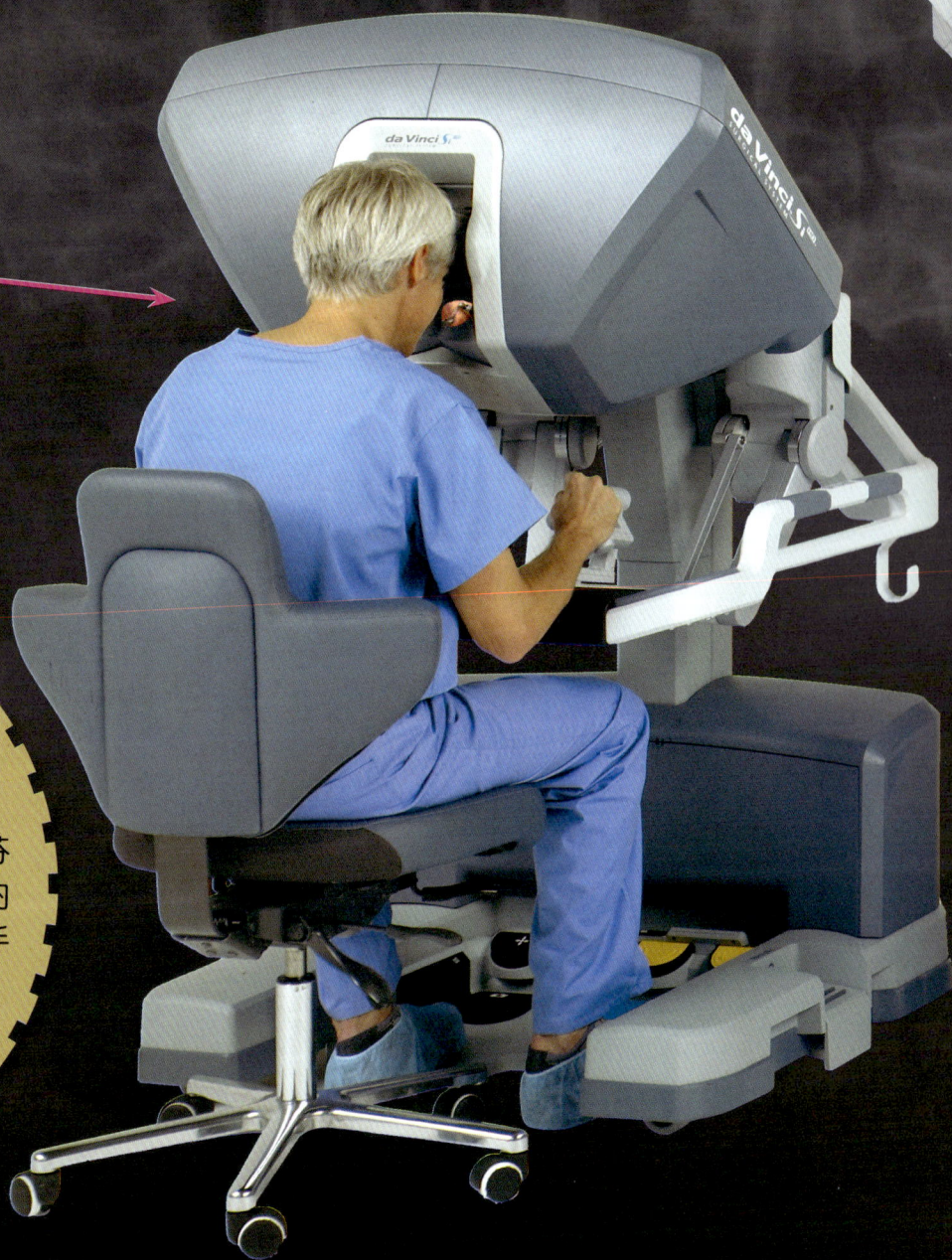

病床旁机械臂系统

在病人手术过程中，病床旁装有4个机械臂。其中3个配有高度灵活的机械腕，具有7个自由度，可以握住多种外科手术工具。

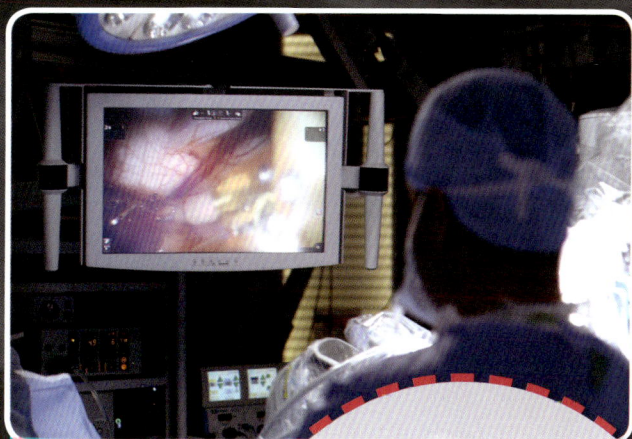

内窥镜系统

内窥镜成像系统图像车上装有一块大屏幕，向手术室里的医护人员显示手术状态。屏幕接收到的影像是由达芬奇第四条机械臂上的小型摄像机在病人体内拍摄到的。

助力手术

在手术过程中，机器人达芬奇全身都被遮盖，以确保操作区域无菌。由直观外科手术公司制造的达芬奇已经实施了300多万例手术。

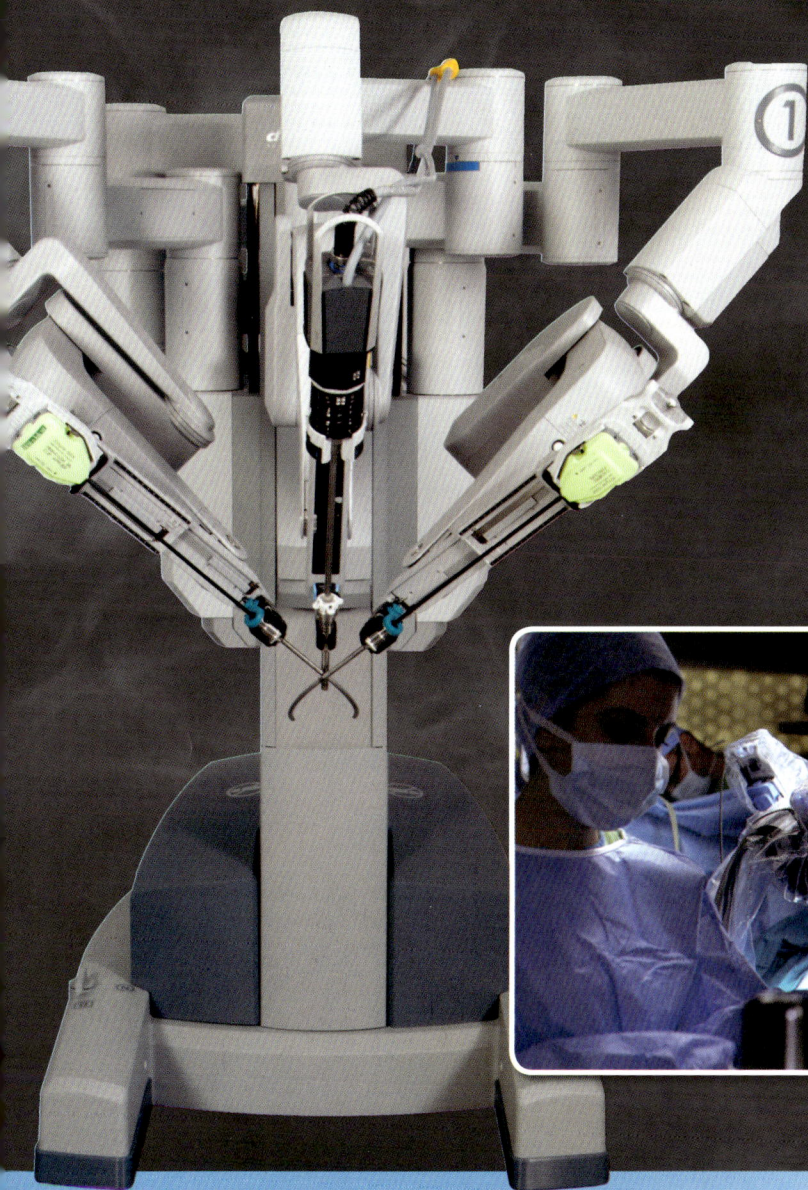

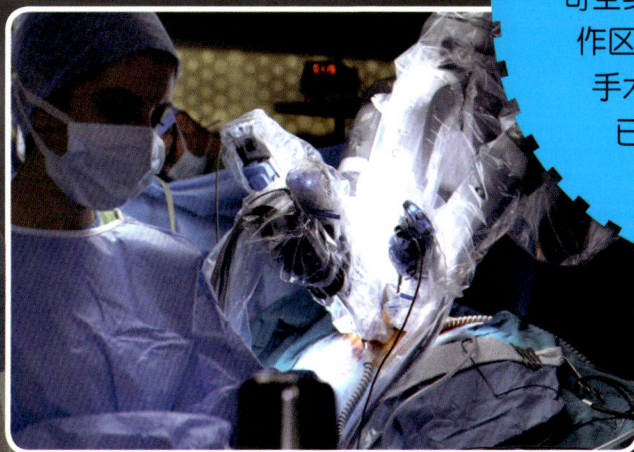

机器人工具

手术机器人使用的工具包括镊子、锋利的解剖刀、打结用的精细夹持器，还有激光器。激光器用于烧灼身体的某一小部分，比如烧灼血管以去除或封闭该血管。

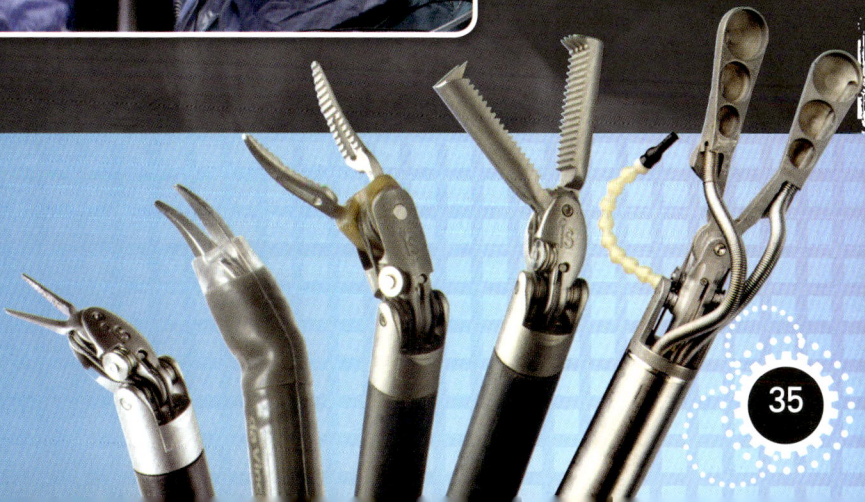

机器人服务员

越来越多的机器人在公共场所工作，包括宾馆、商店甚至公园。它们可以自行避开障碍物，很好地完成除草任务。机器人还能为我们提供哪些其他服务呢？

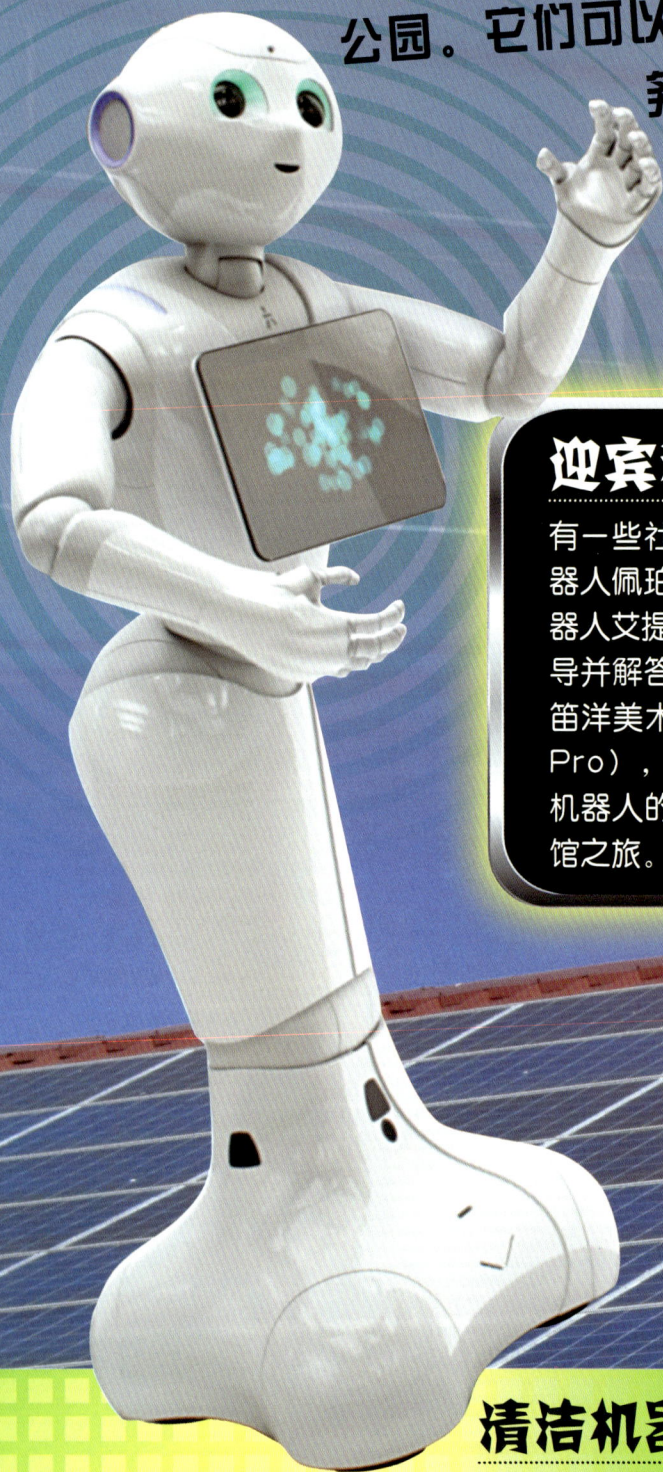

迎宾和向导

有一些社交机器人，比如在法国家乐福工作的机器人佩珀（左图）和在韩国一家博物馆工作的机器人艾提（Ati），负责在门口迎宾，给客人当向导并解答问题。还有一些机器人，比如在旧金山笛洋美术馆工作的远程临场机器人比姆（Beam Pro），可以由人们通过互联网进行操控，借助机器人的镜头人们足不出户就可以体验一次博物馆之旅。

清洁机器人

窗户清洁机器人通过真空吸盘可以被固定在一个地方，因此它们可以在摩天大楼的玻璃墙上作业，也可以爬上陡坡清洁大型的太阳能电池板。太阳能板清洗机器人壁虎（Serbot Gekko，右上图）的清洁速度可达到每小时400平方米，是人类清洁工速度的10～15倍。

停车机器人

一个名叫雷（Ray）的大型自动驾驶叉车机器人在德国杜塞尔多夫机场工作，负责把汽车紧凑地停放好。它用激光扫描车辆，了解车辆的精确尺寸，尽可能在同一个空间里停放更多的车辆。在同样的空间里，它的停车数量是人类的1.5倍以上。此外，雷还可以连接到机场记录航班抵达的计算机上，为即将归来的车主提前准备好车辆。

机器人服务餐厅

机器人调酒师、机器人厨师和机器人服务员已经成为现实，特别是在中国。中国哈尔滨市的一家餐厅"雇了"20多名机器人服务员。它们中的一些在厨房工作，负责烹饪面条和油炸类菜肴，另外一些则负责端盘子，给客人上菜（上图）。

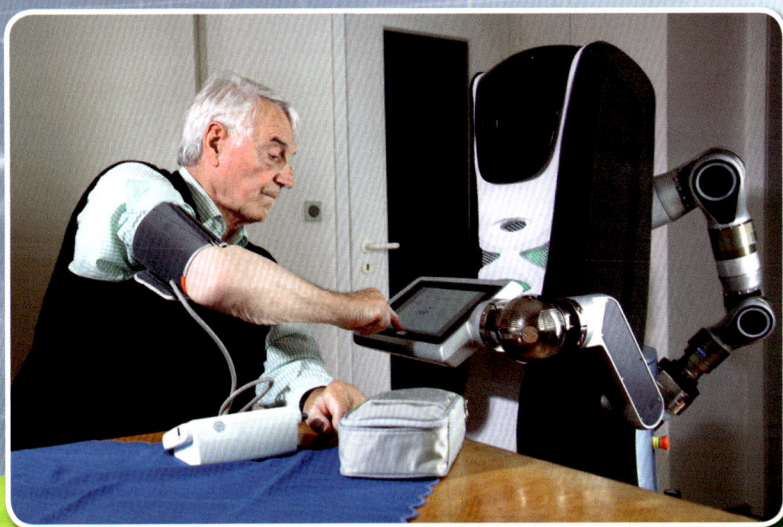

看护机器人

人类正在开发一些机器人来协助和照顾老年人。管家机器人（Care-O-Bots）3号和4号能够抓取和携带物品、开门，并通过屏幕与人沟通。它们还可以将血压值等医疗检查结果发给医生或医院（右上图）。

垃圾处理机器人瓦力

谁会想到一个虚构的700多岁的垃圾处理机器人会成为大明星？但是，好奇的瓦力（WALL-E）的确成了皮克斯公司2008年热门动画电影里的明星角色。

一个与垃圾有关的故事

电影《机器人总动员》讲述了有关瓦力的故事。瓦力是地球上最后一个还在工作的机器人。尽管人类都离开了地球，瓦力仍在分类堆放垃圾。瓦力喜欢上了新型异星植物探测女机器人伊芙（EVE，下图右），最后瓦力踏上了太空之旅，试图拯救伊芙和自己。

遥控版的瓦力出现在电影首映现场和其他宣传活动中。

激光切割机

瓦力使用大功率激光切割大块金属废料。激光是集中而狭窄的光束，在日常生活中用于切割、蚀刻、手术和精确测量长距离。

铲形手

瓦力使用有三个手指的铲形手，可以快速挖洞以及抓取各类物体，无论是脆弱的植物幼苗还是普通的灭火器。当睡觉或要躲起来时，瓦力就将手臂、履带和头缩回到盒子形的身体里。

视觉系统

瓦力的眼睛是两台大型摄像机，可以放大远处的景物。比如，沙尘暴还在很远的地方时，瓦力就能探测到，然后找地方躲起来。

履带

瓦力使用的是短履带，这样它就能够爬上垃圾堆和粗糙的地面。它利用折叠在胸前的太阳能电池板给电池充电。

胸前的垃圾压缩机

瓦力的胸前装有强力垃圾压缩机。压缩机将细碎的垃圾压成结实的立方体，然后瓦力将这些立方体一摞一摞堆起来，堆得高高的。

超级救援机器人援龙

2004年，日本天目时科公司制造了抢险救援机器人T-52援龙（T-52 Enyru，Enyru在日语中意为"拯救巨龙"）。T-52援龙身高3.45米，高大威猛的外表看起来让人心生畏惧，但实际上它的使命是拯救人的生命——负责灾难后清理残骸和抢救被困人员。

巨大的双臂

T-52援龙每只手臂长6米。手臂采用液压驱动方式，通过汽缸里的油压获得动力。援龙是名副其实的"大力士"——每只手臂可以举起重达500千克的东西。

推土机刀片

T-52援龙前面的推土机刀片可以在柴油发动机驱动下以每小时3千米的最高时速隆隆推进，把前面的雪或泥推开。

全地形履带

5吨重的T-52援龙脚下是履带行走装置，所以它能在瓦砾和软土地面行驶。

数码摄像机

T-52援龙的头部、身上和手臂上一共装有9台带图像传感器的数码摄像机。通过无线电信号，这些摄像机可以将现场情况发送给现场之外的人类救援人员。

力量强大的夹持器

T-52援龙可以用自己的"双手"——手臂末端的大型钢制夹持器把车辆倾斜过来，或者抓住并直接卸掉车门，让救援人员救出被困乘客。

驾驶舱区域

人类救援人员可以站在机器人内部使用手动控制器直接操控援龙，也可以通过一组操纵杆进行远距离操控。

T-52援龙的"小兄弟"

天目时科公司后续又开发了T-52援龙的下一代机器人——机器人T-53。它虽然重达3吨，但体形较小，能够在较狭窄的空间内活动。2007年，日本柏崎市发生地震后，机器人T-53帮助清除瓦砾和残骸。

宠物机器人

宠物机器人最初是儿童玩具。后来，人们加入了更多的传感器并提升了宠物机器人的计算能力，许多机型也开始进入成年人的世界。如今宠物机器人陪在老年人或病人的身边，是辅助学习和提供照料的好帮手。家里没人时，宠物机器人甚至还可以当保安呢。

这只泰克诺小猫吉蒂（Tekno New-born Kitty）可以听懂人类的声音指令，会坐下、求抚摸，甚至跳到你的手上。

机器人小伙伴

日本世嘉株式会社的梦猫维纳斯（Dream Cat Venus）、欧姆龙株式会社的天马猫（Tama）和海豹机器人帕罗（Paro）都是陪伴老年人的好伙伴。这些机器人装有触摸传感器，当被抚摸或拥抱时，它们会发出声音并做出动作来回应，它们的主人就不会觉得太孤独，还不用担心会失去有生命的宠物。所有这些宠物机器人需要的仅仅是每隔一段时间给它们的电池充电。

乖小狗

日本索尼公司的机器狗爱宝ERS-7（AI-BO ERS-7）能够识别友好的面孔和声音，会玩球，还能去拿东西。当电量低时，爱宝会自动找到充电器并坐下来充电。通过编程，一些爱宝机器狗已经能参加机器人世界杯足球锦标赛了（见第49页）。

当爱宝识别到熟悉的人时，它的面部就会发光，尾巴也会摇来摇去。顺着爱宝的头部和背部触摸它的传感器，它会感觉到爱抚，并会愉快地回应。

爱宝的鼻子里装有可拍摄图像的摄像机，这些图像能够通过无线传输传到主人的计算机里。

爱宝的身体里装有一个记忆棒，可以装载新的程序和模式。这样爱宝就能玩游戏或给主人当保安，察觉出不正常的动作或声音，拍下照片并将照片发送到主人的邮箱里。

爱宝的爪子里装有压力传感器，能够判断所处的地面是硬的还是软的，以便它抓住地面。

宠物机器恐龙

宠物机器人的形象不只有猫和狗。乐宝（Pleo，左图）和它的下一代瑞宝（Pleorb）是智能电子恐龙，能够自我成长。从一只婴儿恐龙成长为成年恐龙需要经历四个阶段。随着年龄的增长，这些宠物恐龙学会的技能会越来越多，个性也会有所变化。

乐宝身上装有温度感应器。如果周围的环境很冷，它会哆嗦和打喷嚏；如果周围的环境过热，它会喘气和出现眩晕。

背包机器人

背包机器人510（510 Packbot）是世界上最常见的军事机器人。目前已经有4500多个。在两分钟之内，背包机器人510就可以完成充电并开始工作：搜查炸弹和诱杀装置、处理危险物品、侦察建筑物或战区以排除危险。

操纵臂

背包机器人510的手臂长187厘米，有8个自由度，灵活的手臂使它在执行任务时可以做到不留死角。

脚蹼

两个带有履带的脚蹼可以向下旋转，承托机器人上升从而越过障碍物，或者在机器人脸朝天跌倒时将它翻转过来。机器人爬楼梯靠的也是这两个脚蹼。

橡胶履带

背包机器人510由电动马达驱动。它藏起脚蹼时身高68.6厘米，体形较小，可以装在小轿车、吉普车的后备厢甚至士兵的背包里。它的脊状橡胶履带可以抓住软地面，帮助它爬上倾斜度高达60度的坡地。

运动摄像机

机器人510装有4台摄像机，其中一台是运动摄像机，可以向上倾斜拍到夹持器的特写镜头；也可以指向前方，从一侧转向另一侧以显示前方的完整视野。

监控摄像头

这款高分辨率的监控摄像头具有300倍的变焦功能，可为人类提供角落周围或可疑车辆内的详细视图。

背包机器人的手臂上可以安装不同的工具，包括电缆切割器、车窗玻璃破碎机和水能干扰器。如遇到疑似炸弹，可以将高压水柱射入疑似炸弹内致使其短路，阻止被引爆。

无线电天线

机器人身上安装的摄像机拍摄的一连串图像以及任何其他传感器获取的数据在1000米的安全距离内可以通过无线电天线发回给人类。

底盘

两个履带之间的空间可以安装不同的仪器，例如测量有害辐射的装置。2011年，日本福岛核电站受地震破坏后，背包机器人是首批进入该地区调查福岛核电站的机器人。

机器人重金属乐队

机器人重金属乐队（Compressorhead）成员由废弃的汽车和机器部件制成，绝对是真正的重金属天团！乐队3位成员全是机器人。2013年，它们受邀参加了音乐节并进行了第一次演出，博得了众多现场观众的热烈喝彩。其中一场演出的视频在YouTube网站被点击超过710万次。

空气吉他

机器人乐队的建造者利用气动装置来驱动机器人的活动部件。压缩空气推动杠杆（也称为活塞）在汽缸里上下移动。这样吉他手"手指头（Finger）"（下图左）的手指可以随着音乐按压琴弦。

吉他手"手指头"

机器人重金属乐队的吉他手叫手指头，名字起得恰到好处。它一共有78个手指，用来弹奏手上的吉布森飞行五号吉他。乐队里每个机器人都由不同的便携式电脑控制，这些电脑通过乐器数字接口传送数字控制信号来指导机器人演奏。

贝斯手"骨头"

2012年，乐队的贝斯手诞生了，名叫骨头（Bones）。它每只手只有4个粗粗的手指。骨头用左手带关节的手指按压芬德特别版低音吉他琴颈处的弦，以弹奏出不同的低音。

鼓手"鼓棒男孩"

机器人乐队的鼓手名叫鼓棒男孩（Stickboy），非常有音乐天分。它有4只手，每只手拿着一根鼓棒。它的脚还会同时演奏低音鼓。当敲打14个音的架子鼓时，它自己还会跟着音乐摇头晃脑。

机器人乐队的对手

机器人重金属乐队的成员可能是最摇滚的机器人，但世界上还有一些其他机器人音乐家。2005年，日本丰田公司向世界展示了其生产的伴奏机器人（Partner Robots），其中一个伴奏机器人（右图）可以按照录入的程序，用小提琴演奏简单的旋律。

47

机器人纳奥

人形机器人纳奥虽身材小巧，只有58厘米高，重量也只有5.4千克，却非常聪明，而且活力十足。自2004年被开发并经过不断完善，这些机器人已发展为多面手，人们可使用一系列不同的计算机语言和工具对其编程。目前，全世界有超过9000个纳奥在使用。

可抓握的手

纳奥每只手上的两个手指都有小型触摸传感器，经过编程后可以抓住可控距离内的物体。

关节

14个电动机为纳奥的脚、手臂和头部的关节提供动力，使纳奥能够移动25个自由度，并且几乎可以摆出任何姿势。机身内的电子设备可以使纳奥在移动时保持平衡。

脚座

纳奥每只脚的前部装有简单的触摸传感器，当脚与物体接触时传感器便会开启。

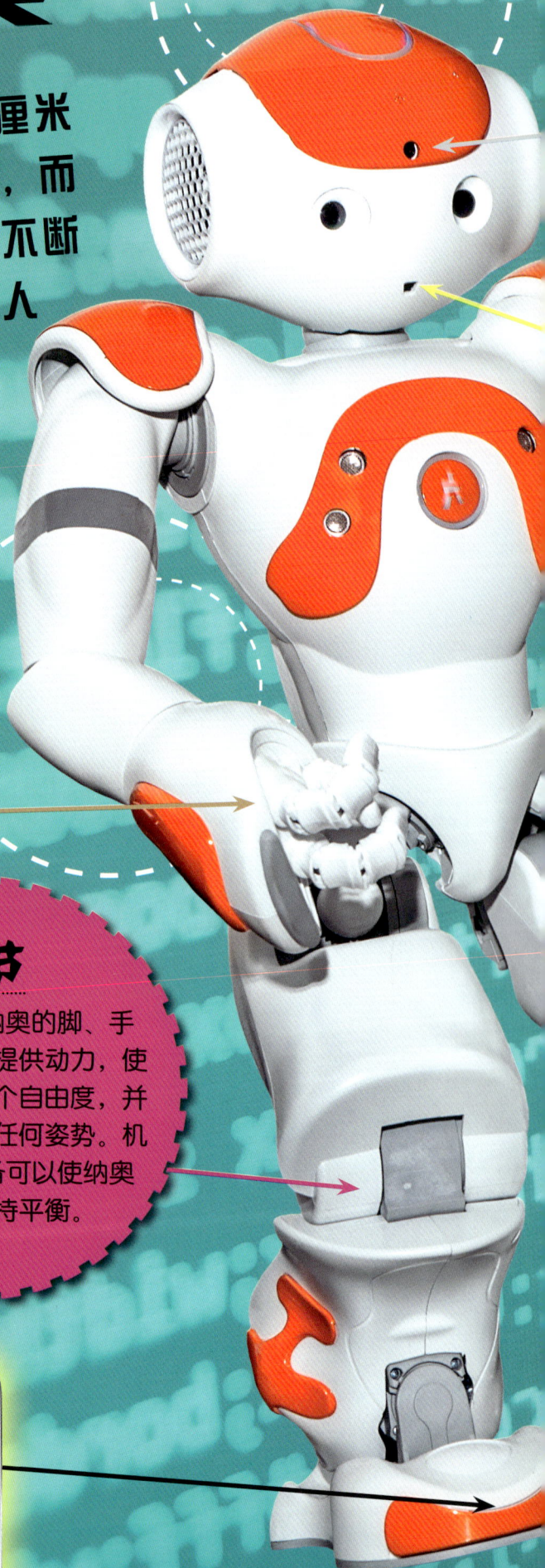

麦克风

纳奥的麦克风不仅可以获取声音，还可以发声。纳奥能听懂讲话，并能把文本转化成语言。它会说19种不同的语言，包括阿拉伯语、中文和西班牙语等。

替孩子上课

在"欧洲孩子替身"项目中，机器人纳奥可以使长期生病的孩子与同学保持联系，并跟上课程的学习。纳奥代替孩子坐到教室里上课，把视频和音频发回给孩子，孩子可以在医院里用计算机键盘来控制纳奥。

双摄像头

纳奥的摄像头安装在它的脸部中央，负责将图像发送回控制器，帮助纳奥识别形状、物体和手势。纳奥可以识别主人的脸，并叫出主人的名字向主人问好。

娱乐和竞赛

纳奥演出小分队已经学会表演成套的舞蹈动作以及用扬声器表演节奏口技。它们还能组队踢足球。在2016年德国莱比锡机器人世界杯足球锦标赛上，纳奥足球机器人B-Human队赢得了冠军。

"好奇号"火星探测器

美国国家航空航天局的"好奇号"火星探测器（Curiosity Rover）是火星上最大的机器人，其大小跟一辆小型汽车差不多，重量为899千克[第一个火星探测器叫寄居者（Sojourner），体重只有11千克]。"好奇号"火星探测器装满了科学仪器，可以探测火星的气候和地质状况。

监测

"好奇号"火星探测器是个小型气象站，可以记录火星大气环境中的风速、湿度、温度和气压。

轮子

"好奇号"装有6个铝制轮子，每个直径50厘米，上面装满了小小的防滑钉。这些轮子由独立的电机供电，安装在可移动的腿上。因此"好奇号"可以越过大块的岩石，也可以在倾斜45度时保持平衡。

科学实验室

"好奇号"的身体里安装着一个实验室，岩石样本被送到这里进行分析，以研究火星上是否存在生命。

50

化学成分相机

这个科学仪器可以将一束细长的激光发射到火星岩石样本上，使岩石汽化（从固体变为气体）。仪器的其余部分可以确定岩石里是否存在对生命至关重要的化学物质，例如氧气、碳和氢气。

机器人的手

"好奇号" 2.1米长的手臂末端安装了一系列工具，包括土壤铲、用于去除灰尘的刷子以及可以钻出5厘米深孔来收集样品的钻头。

全景摄像机

两台高分辨率的彩色相机可以拍摄三维立体照片和普通照片。"好奇号" 火星探测器第一年就发回36000多张图片，其中包括它在火星上拍摄的第一张自拍照。

钚电源

"好奇号" 的两个大电池由一台发电机充电。电力由4.8千克放射性二氧化钚所产生的热量提供，足以供 "好奇号" 运行14年。

51

和机器人一起学习

许多机器人出现在教室和实验室中。在这里，人们研究机器人，研究如何编程使这些机器人活动起来并能够应对周围环境。

乐高机器人

自1998年推出以来，风靡世界的乐高机器人（LEGO Mindstorms）套件已历经了三代。用户可以使用乐高积木和零件（包括电动马达、传感器和可编程控制器）搭建自己的机器人（右图）。

伺服系统

这些小型电动马达由机器人的电池组供电，可以为机器人的活动部件，如腿、夹持器或手，提供动力。

教育机器人

20世纪80年代首次出现了出于教学目的及兴趣爱好而制作的机器人，这些机器人包括安卓机器人托普（Topo）、通用机器人公司的RB5X机器人和希思公司的初级教育机器人小英雄（Hero Jr.）。现代的教学机器人各式各样，有的是简单的元件，如机器人赛博（Cybot）和被命名为阿尔杜伊诺（Arduino）的电路板；也有的是复杂的人形机器人，如机器人纳奥（见第48~49页）和源代码开放的智能机器人达尔文（DARwln-OP，左上图）。

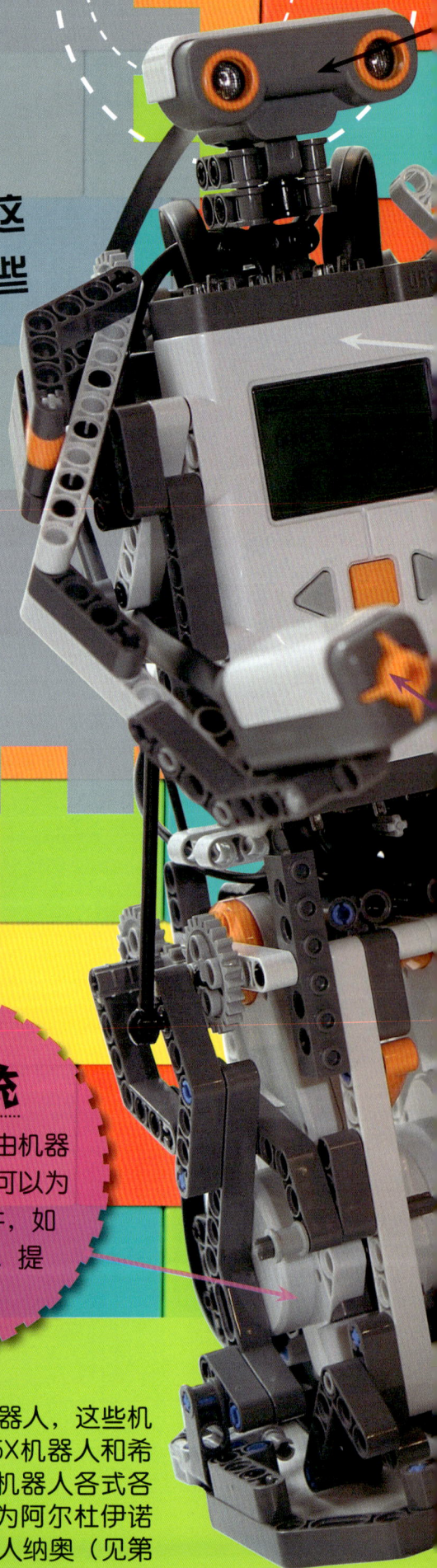

超声波传感器

这个传感器积木块通过发出声音信号以及计算信号从物体反弹回来的时间，可测量3～233厘米范围内的距离。

微型计算机

在这个大积木块里装有微型计算机，这是机器人的控制器，控制机器人全身的各个部件。人们可以使用一系列计算机语言对控制器进行编程。微型计算机的底部有6个插口，用于连接传感器和其他设备。

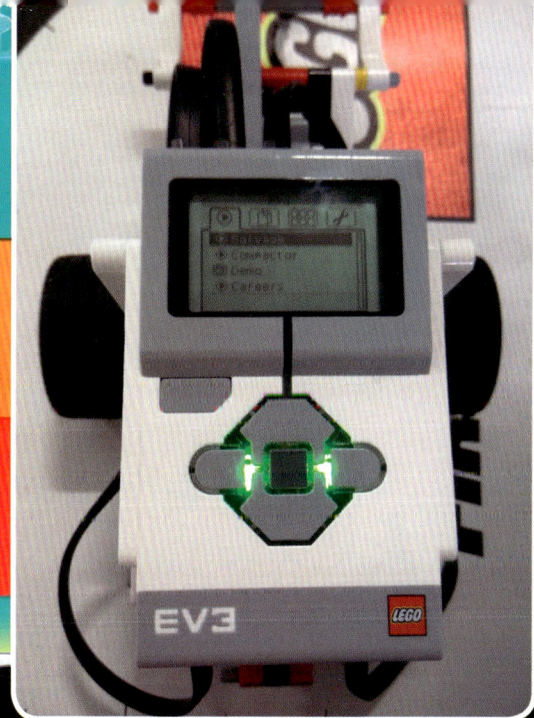

功能强大的控制器

EV3是乐高机器人最新和最强大的控制器。机器人魔方风暴III（CubeStormer III）用的就是这款控制器。它能在3.26秒内破解魔方，是世界纪录保持者呢！

触摸传感器

触摸传感器发送信号给控制器，能让机器人感知是否被碰撞、按压或是被放开。可编程控制器上的两个箭头按钮和橙色按钮经过编程之后，也可以作为触摸传感器使用。

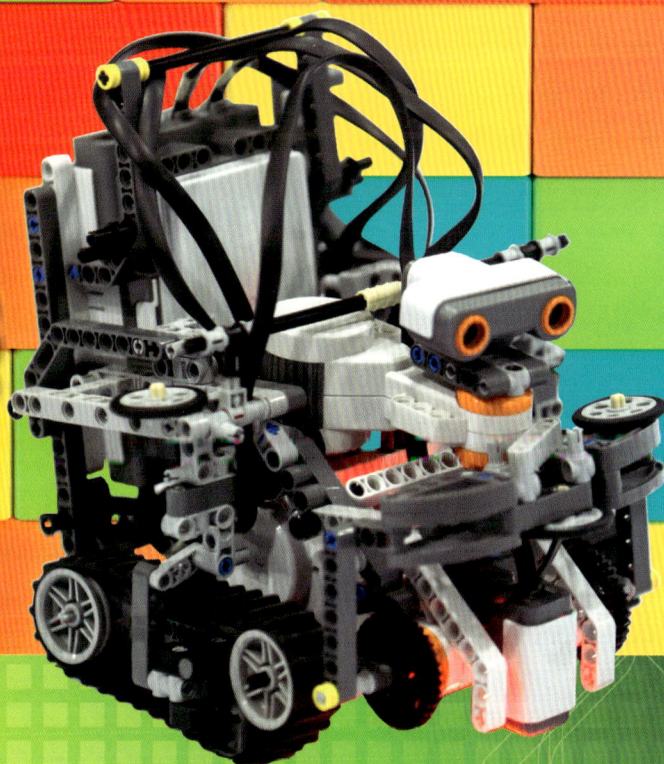

比赛

学校和兴趣小组经常组织学生制造机器人并参加各类机器人竞赛。这个乐高机器人（上图）参加了2016年保加利亚的校际竞赛。它配备了光线感应器，可以沿着弯曲的黑色线条行走。

护理机器人
熊护士

人们正在研发能够照顾医院里的病人和在野外受伤的作战人员的机器人。熊护士（ROBEAR）由日本理化学研究所制造，专门用来帮助医院和护理中心的病人上下床或轮椅。

头部

熊护士的外表看起来像是友善的北极熊幼崽，让病人感到放心。它的头部装有相机和其他传感器，用于衡量与病人及病床或者轮椅间的距离。熊护士由人类控制，人们可以通过触摸它的手臂使其移动，或者使用一台安卓平板电脑作为控制器，通过无线方式让其移动。

身体

熊护士的身体里装有一个麦克风，用于接收来自人类控制者的口头指令。它身体里的一组锂电池可提供能量。正常情况下，熊护士能够持续工作约4个小时。

底座

熊护士靠安装在宽阔的底座下方的移动车轮"走路"。安装在底座里的双腿可以伸出来，这样就可以稳稳地支撑住熊护士140千克的重量，所以它即使前倾也不会跌倒。不需要工作时，它能把双腿向内折叠收回，节省空间。

高科技帮手

护理人员平均每天需要帮助病人上下病床或轮椅40次，背部劳损非常严重。熊护士能够在护理人员的指导下抱起病人，成为护理好帮手。

软绵绵的手臂

熊护士的手臂由橡胶泡沫制成，软绵绵的，能在抱起或放下病人时起到缓冲作用。熊护士的双臂可以承受80千克的重量。手臂靠电动机驱动，动作缓慢精确，病人被扶起、抱起或放下时会感觉很舒服。手臂上的传感器会测量每位病人的体重，这样就能计算出抱起病人时需用多大的力气。

战地援助机器人

战地援助机器人（BEAR，全称为"战地后撤支援机器人"）是一款美国原型机器人，专门为了救援受伤的军人而设计。它可以用像叉车货叉那样的大手把受伤的军人抱起带回指定地点。这款机器人可以借助粗糙的履带在崎岖的路面和陡峭的斜坡上行走，甚至可以爬楼梯。

随军怪兽LS3阿尔法狗

绰号为"阿尔法狗"的随军怪兽LS3（上图）是另一款为军队服务的机器人。它的大小跟一匹马差不多，有4条腿，能够驮运180千克的物资和装备跟随部队前进。

各种奇奇怪怪的机器人

不要错过接下来的这些奇奇怪怪的机器人，它们有的是演员，有的是猩猩，还有的是破纪录的跑步者和步行者呢！

模仿自然

类人猿机器人（RoboSimian）是模仿猩猩和猴子设计的，不过它在地上爬来爬去的样子更像一只长着4只脚的蜘蛛。类人猿机器人共装有14台相机，它的四肢细细长长，关节很多，其中任意一条都可以移动和操作物体。类人猿机器人还可以轻松地做引体向上、攀爬障碍物，或在缝隙中钻来钻去。

骑自行车的机器人

日本机器人村田顽童（MURATA BOY）是一个50厘米高的人形机器人。由于身体里装了一系列传感器，它可以骑着小型自行车上斜坡和转弯。这些传感器不断地给村田顽童提供其所在位置、角度等信息，这样，它就可以检测和避开障碍物，甚至可以在自行车不动的时候保持平衡。

机器人伊缪

这个外表奇怪的家伙实际上是一个名为伊缪（eMuu）的机器人。别看它只有一根眉毛，它会挑眉毛、动嘴巴，做出很多表情，表达快乐、愤怒或悲伤等情绪。

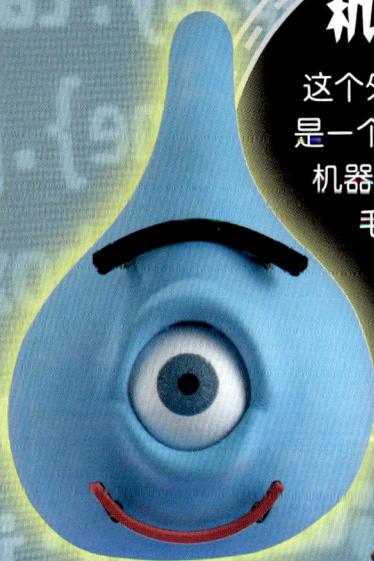

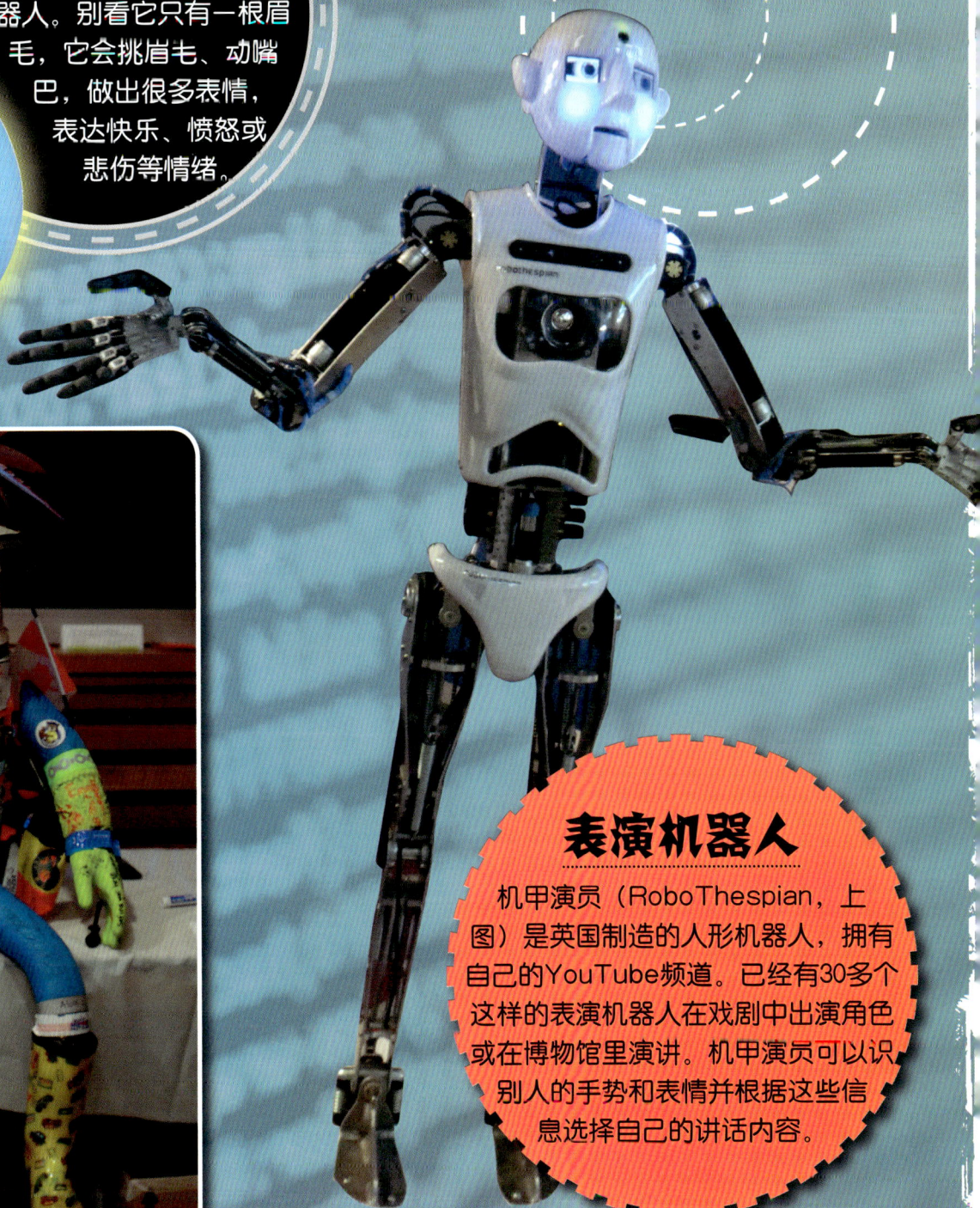

表演机器人

机甲演员（RoboThespian，上图）是英国制造的人形机器人，拥有自己的YouTube频道。已经有30多个这样的表演机器人在戏剧中出演角色或在博物馆里演讲。机甲演员可以识别人的手势和表情并根据这些信息选择自己的讲话内容。

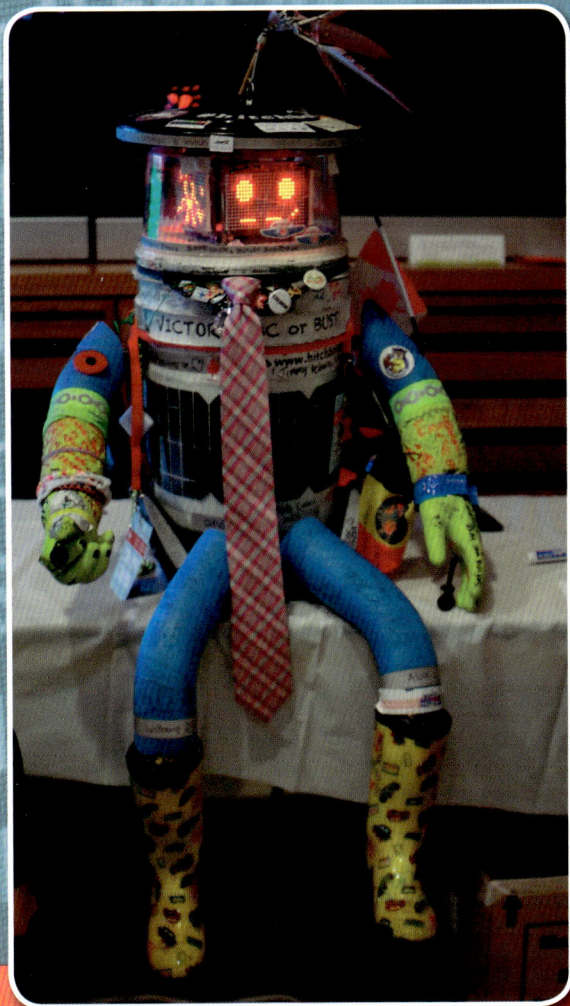

搭便车机器人

2014年，这个外表奇怪的机器人拖着圆筒一样的身体，在路边独自请求搭车，并且成功在加拿大搭顺风车旅行了26天，完成了横跨加拿大的顺风车旅程。搭便车机器人（HitchBOT）不能走路，但可以和路人说话和请求搭顺风车。它有内置的全球定位系统和照相机，可以追踪所在位置和拍摄记录自己了不起的旅程。

未来的机器人

机器人已经发展了很长一段时间，但是未来还有很多可能性。计算机、传感器、软件和材料技术的进步预示着一个激动人心的未来。我们将来可能会看到什么样的机器人呢？

无人驾驶汽车

未来的道路上可能充满机器人车辆，它们可以相互传递信息，自动调整速度和方向，以避免交通事故和拥堵。谷歌公司制造的无人驾驶汽车（右图）以及特斯拉、沃尔沃等许多其他公司制造的无人驾驶汽车都在进一步开发中。英国第一辆无人驾驶汽车卢茨探路者（Lutz Pathfinder）于2015年和2016年在米尔顿·凯恩斯试运行。这辆电动无人驾驶汽车装有多个摄像头、19个传感器和雷达，最多可以搭载两名乘客在城里行驶。

纳米机器人

一纳米等于十亿分之一米。纳米技术是指研究纳米尺寸下物质特性的科学和技术，其中包括纳米机器人。这些微观机器人将有可能被注射到血液中以清洁血管或防治血管疾病。另外还有一些纳米机器人可能将会钻进机器的内部来清洁或修理机器、修复材料。

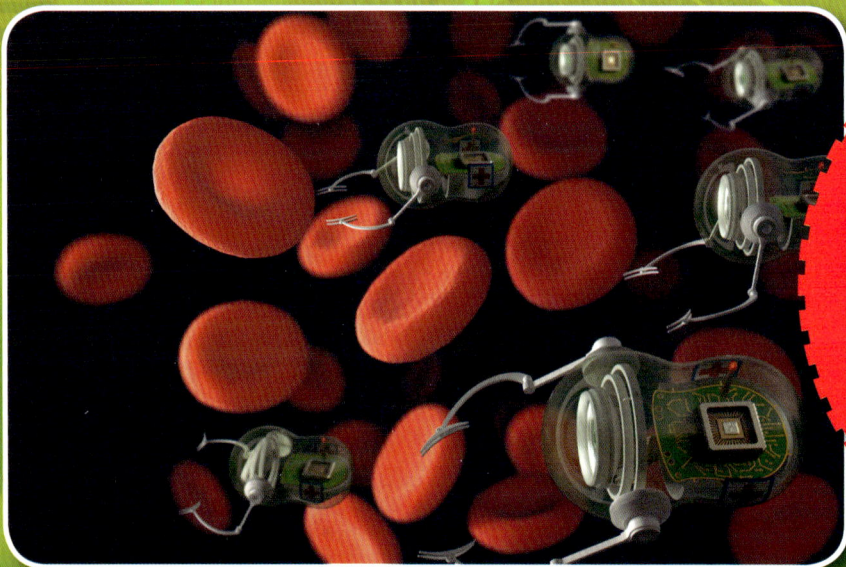

这幅艺术作品构想出了纳米机器人寻找人体血液中病变细胞的画面。每个纳米机器人都附着在一个细胞上，通过向细胞注射药物来对抗疾病。

机器人集群

大量的小型机器人或纳米机器人可能会共同完成搜索救援任务，或者一起应对诸如漏油等灾难。在哈佛大学，已经有1000多个蚂蚁机器人（Kilobots）被编排在一个机器人集群里共同工作。

个人助理

机器人的运动性能和智能化性能在不断提升。未来，它们可能成为人们可以依靠的伙伴。这些机器人也许可以由人脑意识控制，成为小主人的老师、指引者及看护者。它们会陪伴主人一同成长，当主人生病或老迈时，它们就成了照护者。

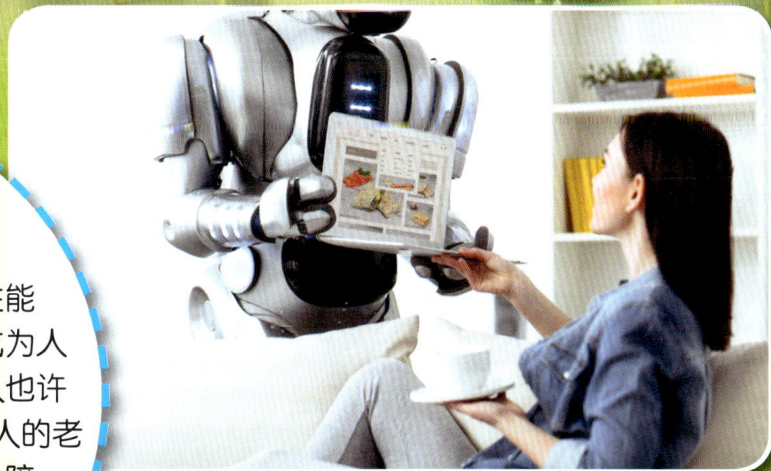

复制机器人

未来，机器人或许可以被送到地球上或太空中的偏远地方，通过3D打印技术和其他技术进行自我组装，或者对其他机器进行组装。机器人很有可能会先于人类探险家被送上月球、火星或小行星，去建造未来的人类太空栖息地。

动动手做自己的机器人

许多人都喜欢自己动手做机器人。下面来教大家制作一个非常简单的机器人。它能够在一张大纸上自由移动并随机画出图画。你也可以将布料笔安装到机器人上，让它在画布上画出图案。

你需要准备以下材料和工具：

· 一个一次性纸杯
· 一支铅笔
· 一张正方形的薄卡纸，尺寸稍大于杯口
· 胶水
· 一个制图圆规
· 一把热胶枪
· 两节五号电池和一个电池盒
· 一个1.5伏的直流电动机
· 一个约5毫米厚的软木塞
· 一个大号曲别针
· 三支彩笔
· 胶带
· 一大张白纸

1.

把杯子扣在卡纸上，画出一个杯口大小的圆圈，剪下来贴在杯底。用制图圆规的针在卡纸和杯底中心戳一个洞。

2.

将电池装入纸杯内，电池盒的开关朝上。使用热胶枪将电池盒粘在杯子的内部。

3. 将连接电池盒的电线穿过杯底的孔。在靠近杯底卡纸边缘安装电动机，电动机位置应在与电池盒相对的另一边，传动轴伸出卡纸边缘。使用热胶枪将电动机固定到位。

4. 将红线和黑线连接到电动机上，完成电路。打开电池开关测试电动机是否正常运作。

5. 用圆规的针在距软木塞边缘5毫米处戳一个孔。将软木塞插入传动轴。必须安装稳固，如果戳开的孔太大则要把木塞取下，往孔里面滴一点胶水，再次把软木塞插在传动轴上备用。

6. 使用热胶枪将大号曲别针固定在软木塞的前端备用。

7. 将三支彩笔垂直放在杯子的外围，笔头朝杯口，用胶带固定。取下笔帽。将机器人放在事先准备好的白纸上。打开电池盒开关——看，你的机器人在画画呢！

词汇表

操纵杆（joystick）： 连接机器人底座的一个杠杆，朝不同方向摆动杠杆可以操纵机器人的活动。

传感器（sensor）： 收集机器人及其周围环境信息的设备。

反馈（feedback）： 由传感器收集并传送到机器人控制者那里的关于机器人或周围环境的信息。

辐射（radiation）： 能量以波或射线的形式传播。核反应所产生的强大能量形成的辐射是非常危险的。

机器人世界杯（RoboCup）： 机器人进行不同运动竞技的国际性比赛，其中最为著名的是足球锦标赛。

机械玩偶（automata）： 生动逼真的机械人偶，由弹簧、杠杆、齿轮和其他零部件组成，能模拟人类或动物的活动。

夹持器（gripper）： 一种末端执行器，安装在机器人身上使得机器人可以抓取和操作物体。

控制器（controller）： 机器人内部负责做决定和控制其他零部件工作的部分，通常是一台计算机。

雷达（radar）： 对目标发射无线电波并接收回波以确定目标距离的系统。

末端执行器（end effector）： 一种设备或工具，例如连接到机器人机械臂末端的负责抓取物体的手或喷漆枪。

纳米技术（nanotechnology）： 以纳米（十亿分之一米）为单位制造机器或机器人的技术。

气动系统（pneumatics）： 通过压缩空气或其他气体使机器人部分零部件活动的系统。

驱动系统（drive system）：使机器人或机器人的一部分可以活动的一系列零部件。

全球定位系统（Global Positioning System，GPS）：运用一系列围绕地球运行的人造卫星进行精确定位的导航系统。

人形机器人（humanoid）：拥有人类外表或部分拥有人类外表的机器人，可以进行类似人类的活动。

水能干扰器（water disrupter）：一种破坏炸弹内部所有结构以防止其爆炸的工具。

太阳能电池板（solar panels）：含有能够将太阳光转化为电能的特殊电池的硅板。

天线（antenna）：一种设备，通常又长又细，通过无线电波信号收发信息。

微创手术（microsurgery）：外科医生通过显微镜观察、使用微小的工具实施的精准的手术，比如血管修复手术。

无人机（drones）：一种人类可以远程控制的无人驾驶飞行器。

小行星（asteroid）：一种在太空中绕太阳运行的岩石质地天体。

液压系统（hydraulics）：机器人内部一种通过汽缸里的液体驱动的动力系统。

自动导引运输车（Automated Guided Vehicles，AGVs）：可以在工厂或其他建筑物内自行运行的运载工具。

自由度(degrees of freedom)：机器人可以活动的不同方向。

自主工作（autonomous）：指机器可以自行做决定以及在无人监管的情况下工作。

索 引

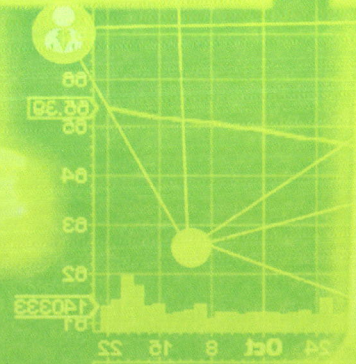

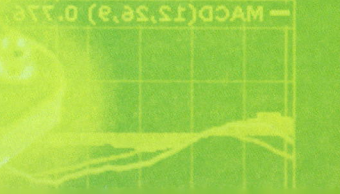